ガンサー・S・ステント

進歩の終焉

来るべき黄金時代

渡辺 格・生松敬三・柳澤桂子 訳

始まりの本

msz

THE COMING OF THE GOLDEN AGE

A View of the End of Progress

by

Gunther Siegmund Stent

First published by Natural History Press, Doubleday, New York, 1969

クラナッハ「黄金時代」（アルテ・ピナコテーク）

日本の読者への序文

私が一五年前にはじめて日本を訪れたことが、ある点では、黄金時代についてのこの小冊子を書く下地をつくったのだともいえます。それまで私は、私が育った西欧の文化的、哲学的伝統は、「人間の本性」の普遍的なそして永遠に変らない側面を示していると思っていました。もちろん、私はそれ以前にも、日本には私たちのものとはまったく異なった伝統があるということを読んだことはあります。たとえば、一九五三年にカリフォルニアで一緒に研究をした時に、渡辺格氏からいただいた『殻の中の日本』という本を私は注意深く読みました。けれども東と西の伝統の間のちがいは、一方では車は左側を走り、一方では右側を走るというような、いくつかの習慣の単に表面的なちがいでしかないと信じていました。ところが、はじめて日本を訪れてみて、私の単純な考え方がまちがっていたことに気づき、日本人と西欧人の生命観には何か根本的なちがいがあるという、よくいわれもし書かれもしていた事実をはっきり知ることができました。私は、不変の「人間の本性」などというものはあり得ないという、人類学者なら誰でも知っている事実を、自分自身で突然発見したのでした。そしてついに、実存主義哲学の「本質より実存が優先する」というスローガンの意味が理解できたのでした。それによって、近年、西欧の人々の行動の動機づけの中に起こった深刻な変化について、私なりに理解する糸口をみつけることができました。その変化とは、私がこの本で用いた言葉によれば、「力への意志の喪失」ということです。もちろん力への意志の減退ということは、日本では決して新しいことではありません。日本では力への意志を否定する禅仏教の戒律が、過去八世紀にわたって支配的な影響力を持ち続け、東洋と西洋の生命観に、非常にはっきりした驚異的とも思える大きなちがいをつくり出す結果になっています。

誰もが知っているように、過去一五年間に日本はどんどん西欧化されました。しかし同じ一五年間にアメリカ大都市の人々、特に若い人々が東洋化してきたということについて、気づいていない人も多いようです。この小さな本によって、日本の読者の皆さんに、文明と心理の進化の底に横たわるこの一見驚くべきいろいろの力について、いくらかでも理解していただければと望んでおります。

私に日本というものを教えてくださったと信じている三人の永年の友、慶應大学の渡辺格氏（氏にはこの翻訳の労をとっていただいたことについても感謝しています）、東京大学の内田久雄氏、前広島大学の柴谷篤弘氏に、この場を借りてお礼を申し上げたいと思います。

一九七一年十一月、カリフォルニア、バークレーにて

ガンサー・S・ステント

インガ・ロフツドッティア　へ

謝辞

本書の主要な結論には同意を示さなかったが、本書ができたのは主にニールス・K・ヤーネ氏によるものである。過去何年にもわたる氏との一見きりのないような議論から、私は黄金時代についての思想をまとめることができた。氏はこれらの考えを書物にすることを奨め、適切ないくつかの文献を教えてくれ、原稿が進むにつれて鋭い意見を述べてくれた。私はまた、ジャック・ダニッツとロナルド・ステントのきびしくまた有益な批判に感謝したい。ブノア・マンデルブロートには、第二段階の非決定論に関する部分の私の原稿を訂正して、氏の考えに対する私の誤解を最少にしてくれたことに感謝する。過去一二年間、私の文体に対していつも感受性豊かな批判を続けてくれたマージェリー・フークスが、今回もその努力を惜しまれなかったことに謝意を表したい。

一九六七年に本書に含まれている思想の予備的な二回の講演をコレージュ・ド・フランスとカンザス州立大学で行なうことができたのは、フランソワ・ジャコブとカール・G・ラークの招待によるものである。これらの二つの講演の最初の方は、『サイエンス』誌の第一六〇巻、三九〇—三九五頁（一九六八年）に「分子生物学の回顧」という標題で発表された。それを発展させた本書は一九六八年、私がバークレーのカリフォルニア大学で、臨時に教養学科の教授に任命された際に行なった七回の公開講演のテキストによっている。私を大学の正規の義務から免除して、この本を書くに必要な時間をつくってくださったバークレーの総長と教育開発評議会にお礼を申し上げる。

目次

およそ紀元二千年

むかし世界を始めるために
私たちは黄金の時代を持った、
炭鉱から掘り出したのではない黄金の時代を。
そしてある人びとはいう、
また同じような時代が、
真の千年が、
最後の黄金の輝きが、
世界を終らせるために来た徴候があると。そしてもしそうなら
(そして科学はしっているはずだ)
私たちが庭の花壇の雑草を抜いたり、
本の注釈をつけたりするのをやめて
頭をもたげてこの豪華版の終末を見守るのは
もっともだろう。

——ロバート・フロスト

プロローグ

バークレー大学生の一九六四年のフリー・スピーチ運動は、カリフォルニア大学の教授連に大きな傷を与えた。そのためわたくしと多くの同僚は、われわれの生涯をかけた仕事に対する、現在では明らかに時代遅れになっている今までのやり方について反省し、煩悶した。最初、われわれ教授連は、この運動もこれまでの学生運動と同じたぐいのものであろうという見方をとっていた。しかし、当時の総長をルイ一六世に、大学評議員会を革命前のフランス議会に、管理局の建物をバスティーユに、そして学生のリーダー、マリオ・サビオをダントンにみたてた革命劇が上演されるにいたって、教授連の大部分はついにこの運動のきわめて広大な意味に気がついた。というのは、バークレーが高等教育の地球的未来が演ぜられている舞台となったのだと思われたからである。バークレー以外の地に住む友人たちにわたくしはこのような見方を述べたが、かれらの多くはこの運動を地方的な偏執病の一つの現われとしてかたづけてしまっていた。そのうちに世界中の大学でこのような動きが展開していくのとほぼ平行して、われわれのこの天啓的な見方が正しいことが確認されたと思っている。フリー・スピーチ運動の根底に横たわる原因の理解に努めた結果、それは、われわれ人類がこれから入ろうとしている新しい時代、すなわち黄金時代の一つの徴候にほかならないのだと思うようになった。

新しい時代が明けかかっているという考えは、もうそれほど目新しいものではなく、みんながそれに気づいているようである。事実、人類が進化の岐路に立っているとか、歴史の終着点にきているといったたぐいの、新時代の到来を告げる小論を書くことは、今や大はやりのようである。だから、**私自身**その到来を予知している黄金時代に私の小論を捧げることで、そのオリジナリティを主張するつもりはない。この黄金時代の到来によって、芸術と科学は終着点に達するであろう。ここで私が黄金時代というのは、紀元前八世紀にヘシオドスによって書かれたギリシャ神話の黄金時代である。この神話によれば、現在の明らかにみじめな黒鉄時代は、一方的にだんだん堕落していく五番目の時代にあたり、その一番はじめが黄金時代である。黄金時代には、かよわき人間の中の黄金人種が地球の上に住み、「かれらは神のように悲しみを知らず、苦労も悩みもなくまた年をとることもなく、萎えることを知らない手と足を持って悪魔の手の届かないところで楽しい饗宴に興じていた。かれらは眠りにつくように安らかに死に、かれらはすべてのよきものを持っていた。地球は肥えていて惜しみなく果物を実らせていた。かれらは実り多き土地に楽しく平和に生活し、たくさんの羊を持ち、神々の愛をふんだんに受けていた」。ヘシオドスによるとこの黄金時代は、パンドラが箱のふたを開けて、それまでには知られなかった悪をまきちらしてしまった時に終った。黄金時代の次には銀、黄銅、英雄時代が続き、時代を経るにつれてだんだん悪くなり、ついにわれわれの今住んでいる黒鉄時代になった。黒鉄時代には、人間は「昼は労働と悲しみに、夜は飢えと寒さに心の休まる暇もないのである。そして神々はわれわれの上に悩みを投げかける」。

この小論の目的は、人類の歴史に対するこの古代の考えはさかさまであって、黄金時代は最初ではなく、最後の時代であり、黒鉄時代より後に来るべき時代であることを示すことである。わたくしは黄金時代到来のまぎれもない徴候と、黄金時代が前兆となるすべてのものがすでにわれわれ、少なくとも技術的先進国に現われているということを示してみたいと思う。けれども、ヘシオドスにしろ、その他の多くの作家にしろ、かれらの時代に失われた楽園にあこがれていた人々にとっては、この新しい黄金時代がほんとうにかれらの好みにあったものかどうかは疑わしいと思う。この黄金時代が哀れなものであるという見方は決して新しいものではなく、オルテガ・イ・ガセットの書物の中にも示されており、オルダス・ハクスリーの『すばらしい新世界』の中に力を入れて述べられている。

わたくしはだいたいヘーゲル（またはできるだけマルクス）の線に沿って話を進めていきたいと思う。進歩とか芸術、科学その他の人間の状態に関連した現象に内在する矛盾――テーゼとアンチテーゼ――が、このような現象の進歩を自分から制限する結果になるということを示したいと思う。また、これらの進行はわれわれの時代に極限に達し、それによって黄金時代という一つの大きな総合がおこることも示したい。このような議論をするためには、人類の活動の膨大な分野にわたって多くの問題に触れなければならない。しかし、哲学、心理学、経済学、歴史、絵画、音楽、物理学などはわたくしの専門ではない。この本の読者がまったくの素人の暴言でしかないようなものしか読まされることのないように、最初の四章を私の専門の分野、すなわち分子生物学の説明に費すことにした。くわしく言えば、分子生物学の盛衰が創造的な活動の歴史一般の一つのよい例であることを示すために、自分の専門分野の歴史を述べてみたいのである。したがって、もしわたくしの哲学的な考えや未来への見通しがまちがっているかその考え方が適当でないということが後にわかったとしても、少なくとも最初の四章だけは、今世紀のもっとも重要な科学の発展の一つについてのかなり意味のある簡潔な説明として読者の役に立つものと信じている。

第五章で主題に入り、進歩というものの性格について論じたいと思う。特に進歩が自己限定的であるということを示してみたいと思う。その理由のうちでおもなものは、進歩そのものが終局的には自分自身の原動力を減退させてしまうものであるということである。この原動力というのは、ニーチェが力への意志と呼んだものであり、オスヴァルト・シュペングラーが「ファウスト的人間」と呼んだものの中に要約されている。わたくしはまた**進歩の概念**の歴史もたどってみたいと思う。進歩の概念は、二百年足らず前に、啓蒙運動後のヨーロッパではじめて生れてきたにもかかわらず、多くの人々はそれが非常に古い時代からの普遍的な問題であるという、まちがった考えを持っている。第六章では進歩の指標として、科学と芸術の現状を調べてみたい。ここで芸術と科学は進化の終点に到達しているということを示してみようと思う。芸術に関するかぎり、わたくしがこのように考えるのは、アクション・ペインティングとかチャンス・ミュージックのような現代的な表現が、神聖な西欧の伝統を堕落させるものであるというような俗物的な前提に立っているのでは**ない**。むしろ、現代の絵画や音楽が正統であるが**ゆえに**それがいきつくところまでいってしまったという、この道の専門家の意見にしたがいたいと思う。科学もまた発展の終りに近づいているということを示すには、わたくし自身の責任でいくらか力業を演じる必要があろう。第七章と第八章では、われわれのいく手に横たわっている黄金時代がどのようなものであるかということについてのわたくしの考えを述べてみたいと思う。世界的なレジャー時代になるというのが人類の未来の特徴であろうということは、最近ほとんどの人が気づいている。けれども、来るべきレジャー時代の意味をよく考えて、その時代には人類の舞台から「ファウスト的人間」が消失してしまうということを考えに入れている未来学者はほとんどいないようである。ファウスト的人間にとってこそレジャーが問題となるのである。つい最近まであったファウスト的人物のいないポリネシアの至福の状態こそ、黄金時代のよい例であろうと思われる。ポリネシアの歴史は、経済的な安全の中に育った人々の間に生ずるはずの社会的、心理的状態のよい例である。この経済上の安全は、南海のよい気候風土によっていつも豊富な果物を与えられていることによってもたらされるものでも、自動化された工業によってもたらされたものでも同じことである。わたくしは、このポリネシア的な未来がかなりの程度われわれの中で進行していることを指摘したい。

進歩一般、特に創造的な活動がその終点に近づいているという事実は一見未来を暗いものと思わせるであろう。このような悲観的な見方は核時代の**世界苦**の典型的な産物であるけれども、もう少しよくみると、わたくしの結論はどちらかというと楽観的であるということがわかるであろう。なぜなら、わたくしは、未来への発展と創造活動が終ろうとしている歴史上のまさにその時、過去の進歩のもたらす現実的な結果によって、人間の心はまったく新しい状態に完全に適応した状態に変化しているはずだということを示すつもりだからである。したがって、この見解は、ヴォルテールのドクター・パングローの格言と一致している。なんとなれば、考え得る最上の世界でしかこのように非常に絶妙な調和はおこり得ないはずであるから。

Ⅰ　分子遺伝学の興隆と衰退

お前がこの世に生れた日のごとくに、
太陽は惑星たちに挨拶を送っていた。
それでお前はいつまでもいつまでも、
お前を生み出した法則にしたがい、
繁栄を続けたのだ。

――ゲーテ

ハプスブルグ家の唇．王室突然変異遺伝子の数世紀にわたる遺伝．左上，マキシミリアン１世，1459-1519（The Bettmann Archive）．右上，マキシミリアンの孫，チャールス５世，1500-1558（The Bettmann Archive）．左下，テッシェンのチャールス大公，1771-1847（The Picture Archives of the Austrian National Library）．右下，テッシェンの息子のアルブレヒト大公，1817-1895（The Picture Archives of the Austrian National Library）．

一　古典的時代

一九六五年のある夏の夕、大勢の人々が、メンデルの追悼ミサのためにモラビアの市、ブルノの、とある教会に集まった。メンデルは、この教会が以前に属していたオーガスチン派の修道院の院長をしていたことがある。これだけ大勢の人がこの教会に集まったのは、この教会の六百年の歴史上はじめてのことであった。日曜ごとの礼拝よりずっと大勢の人々が参会したのは、かつての修道院長に対する敬虔な気持からというよりは、むしろその創立者の業績に敬意を表したいという気持からであった。というのは、その時、メンデルの属していた教会には、チェコの科学アカデミーの招きで、世界各地から多くの遺伝学者が集まって、遺伝学誕生百年祭を催していたからである。遺伝学は、一八六五年にメンデルがブルノの自然科学会で、「植物の雑種に関する実験」という論文を発表した日に始まった。この百年祭の行なわれた時期と場所、それに集まった人々を考えあわせてみると、それは同時に、ソ連や東欧の遺伝学者と遺伝学がトロフィム・ルイセンコによる抑圧から公式に復活したことに対する讃歌でもあった。ルイセンコは、最近敗退したソ連の農学者で、ほぼ二〇年の間、政治的な影響力によって「メンデル－モルガン主義」を抑圧してきた。またこの百年祭は、数万年前の新石器時代から人間が持ち続けてきた、なぜ子供は親に似ているかという疑問に対して、はっきりした解答が得られようとしていた時期でもあったので、この記念ミサは、もう一つの象徴的な意味、すなわち遺伝学の徒の修了式という意味もあったと考えてもよいであろう。

生物が、自分の性質を子供に伝える能力を持っていることは、誰の目にもはっきりしていたので、人間ははやくから遺伝という現象に気がついていた。このような遺伝現象に気がつき、すぐれたものを選び出してかけあわせて優秀な子孫をつくることができるということを知っていたからこそ、石器時代に近東に住んでいた人々は野性の動物を家畜化したり、野性の植物から収穫の多い植物を得たりすることができたのである。こうして文明の夜明けが訪れ、紀元前八千年に、人類が最初に農耕を行なったといわれているファータイル・クレセント（肥沃三日月型地帯）に住んでいた人々は遊牧生活を捨てて定着性の農業社会をつくった。交配をくり返していくうちに得られた実用上の秘けつは、魔術的、あるいは宗教的な教理として伝えられた。たとえば、聖書などには、次のように記されている。「なんじは、なんじの牛をして異なれる種類のものとかけあわせるべからず。またなんじの畠に混合せる種子をまくべからず」。古代には、このような交配の規則が人間にも適用され、ギリシャの都市国家のように、欠陥を持った幼児を殺すようなことも行なわれた。

古代ギリシャの哲学者達、とくにヒポクラテスとアリストテレスは、遺伝についての考えを述べている。その中には、驚くほど当を得たものもあるが、中には今ではあまり意味がないものもある。アリストテレスの異種の野生動物間の空想的な雑種交配に関する考えは、現在のわれわれからみると非常に無茶なものと思われる。たとえばかれは、ラクダとヒョウの交配によってキリンが生れ、ウナギがヘビと交尾するために岸にやってくると考えた。この考えは中世にもそのまま受けつがれ、ルネッサンス以後まで信じられていた。古代の人々の考えの中で、もっとも当を得ていたと思われるのは、遺伝は単純なことではありえないという考えであろう。かれらは、子供が時には父親に、時には母親に、また時には両親に、そして時には祖父母のどちらかだけに似るということに気がついていた。動物の交配と淘汰に関するこのような古代の考えは十九世紀の遺伝学の幕開けまでほとんど進歩しなかった。したがって、古代人が遺伝の原理については、いくらか知っていたにちがいないとしても、それ以後二千年というもの遺伝の知識はほとんど進展しなかった。ルネッサンスは、物理的科学においては独断的な迷信を拒否して新しい興味をめざめさせたが、遺伝学にはほとんど影響を与えなかった。メンデルが根本的に新しい考えを発表したことによって、はじめて新しい時代が訪れ、人間やその他の動物の増殖を支配している機構が明るみにでるようになったのである。

「植物の雑種に関する実験」を書くにあたってメンデルは、ブルノの修道院の庭にいろいろな形や色をした種子を生じる系統のえんどう豆を栽培した。かれはこれらの系統のえんどう豆をかけ合わせて生じた第一代目の子孫と、その第一代目の子孫どうしをかけ合わせた第二代目の子孫の両方について、いろいろな種子のタイプの現れる頻度を観察した。その結果、親の性質の伝達される頻度には、統計的に明らかな法則のあることがわかった。この統計的結果をもとにして、メンデルは遺伝的性質はそれぞれ独立の単位として保持され、かつ子孫に伝達されると考えた。これこそ、自然認識における知的貢献の中でももっとも見事な推論ということができるであろう。それぞれの植物は、それぞれの性質についてそれぞれ別々の単位を一対ずつ持っている。この対をなす二つの単位は相同であるが、子孫に伝えられる時には、そのどちらか一方がランダムに選ばれ、それが受け継がれていくと考えられた。けれども、メンデルの洞察は当時として進み過ぎていたので、『ブルノ自然科学会誌』に発表されたかれの実験結果と結論はそれから三五年もの間、他の生物学者の注目をひくこともなく眠っていた。メンデルと同時代の生物学者の中でもっとも有名だったダーウィンの進化論は発表されるとたちまち有名になったが、ダーウィンでさえも、かれの提唱した自然淘汰を実際に受けるのは遺伝の単位であり、それをメンデルが発見したということには全然気がつかなかった。成熟した生物の各部分から、何かがつくられ、それが〝胚種〟に集められ、子孫に伝えられるとする遺伝機構に対するダーウィンの「パンゲネシス」という概念は二三世紀も前にヒポクラテスによって提案されたものとほとんど同じである。

一二〇ほどの図書館が、メンデルの論文の載っている雑誌を受け取ったことが現在わかっているが、それらの図書館の棚でメンデルの発見が眠っている間に、遺伝の機構についての研究が別の角度から進められていた。一八七〇年頃までに、精子による卵の受精現象の顕微鏡による研究から、細胞核が遺伝をになっている場所であろうと考えられるようになっていた。メンデルの亡くなった一八八四年頃には、ヴィルヘルム・ルーは、遺伝物質は核**そのもの**ではなく核の中に見られる糸状をした**染色体**であろうと考えていた。というのは、ルーは染色体が二倍になり、縦に割れて次の細胞に分配される

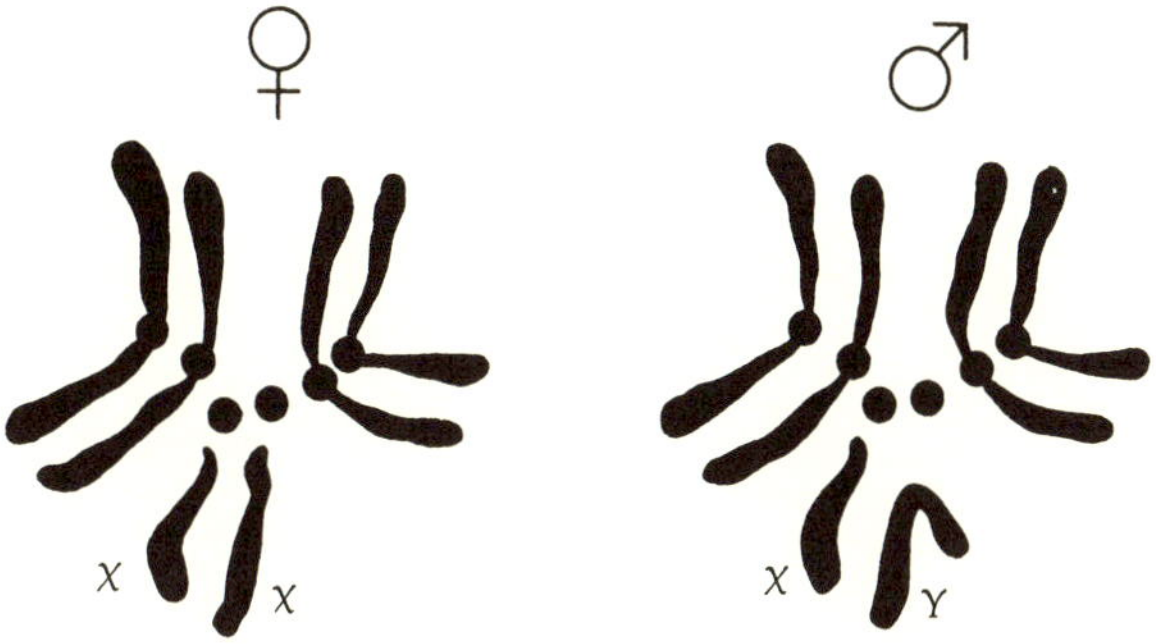

ショウジョウバエの雌（♀）と雄（♂）の４対の染色体．下部の２本の染色体で，雌は１本のXを，雄はXとYの２種類の性染色体を持っている（H. Curtis, *Biology*, Worth Publishers, New York, 1968）．

様子は、遺伝物質が当然持つべきであるとかれが考えていた性質とぴったり一致したからである。ルーの考えは、すぐにアウグスト・ヴァイスマンによってとり入れられ、遺伝と発生に関する一つの学説がつくりあげられた。ワイスマンは、有性生殖を行なう多細胞生物では、卵や精子が形成される時に染色体の数が半分になると考えた。受精によって卵と精子が融合すると、染色体の数はもとにもどり、遺伝物質を両方の親から半分ずつ受け取った新しい個体が生れるのである。このような見解ができてきた結果として、メンデルがかつてしたような定量的な交雑実験を行なう必要がでてきたのは当然であった。そして一九〇〇年に、ユーゴー・ド・フリース、カール・コレンス、エーリッヒ・フォン・チェルマックの三人の植物学者が独立に、メンデルの遺伝の法則と、かれの三五年間眠っていた論文の両方を再発見した。

メンデルの仕事の再発見により、遺伝学は花を開き（遺伝学という名前がつけられたのもこの時である）、今世紀のはじめの四〇年の間に驚くほどの知識が蓄積された。遺伝学の発展の第一期には、メンデルの遺伝の単位の概念が明らかにされ、**遺伝子**と呼ばれるようになった。またこの遺伝子の性質が突如として不可逆的に変化する可能性のあることがわかり、この過程が**突然変異**と呼ばれるようになった。またメンデルの遺伝の法則は、植物ばかりでなく人間も含めて動物にもあてはまることがわかってきた。雄とか雌とかいう性質は、他のメンデルの遺伝単位と同じように伝達され、個体の性は卵と精子の性染色体の組み合わせによって決まるということがわかったことによって、古代からずっと自然哲学者達をまどわし続けてきた性の決定の機構の問題も、解決された。

遺伝学の発展の第二期は、T・H・モルガンが、果物にたかる小さいはえであるショウジョウバエの遺伝の研究を始めた一九一〇年に始まった。この実験材料を使って、モルガンとかれの弟子達はその後数年間、研究した結果、メンデルとかれの再発見者達が見出したような、親のいろいろな遺伝子対が子孫個体の間にランダムに配分されるのは、別々の染色体上にある遺伝子についてのみいえることだということをはっきりさせた。同一の染色体上にある遺伝子、すなわち**連関している**遺伝子は、一緒に伝達されるのがふつうである。ところがこのような連関した遺伝子も**交叉**という過程によって分離する。交叉は、雄では精子が、雌では卵子がつくられる前に染色体が二つに分かれる時におこるもので、二つの連関した遺伝子が子孫個体で分離する確率は、その二つの遺伝子が同じ染色体上で離れて位置するほど高く、接近して位置するほど低い。すなわち**連関**に逆比例する。このように遺伝的に標識されたショウジョウバエの親から生れた子孫の間に連関した遺伝子がどのように分離してくるかという頻度から、モルガンとその一派の人々は、ショウジョウバエの四対の相同な染色体の**遺伝子地図**をつくった。この地図は、当時知られていたショウジョウバエの遺伝子の染色体上の相対的な位置を示している。

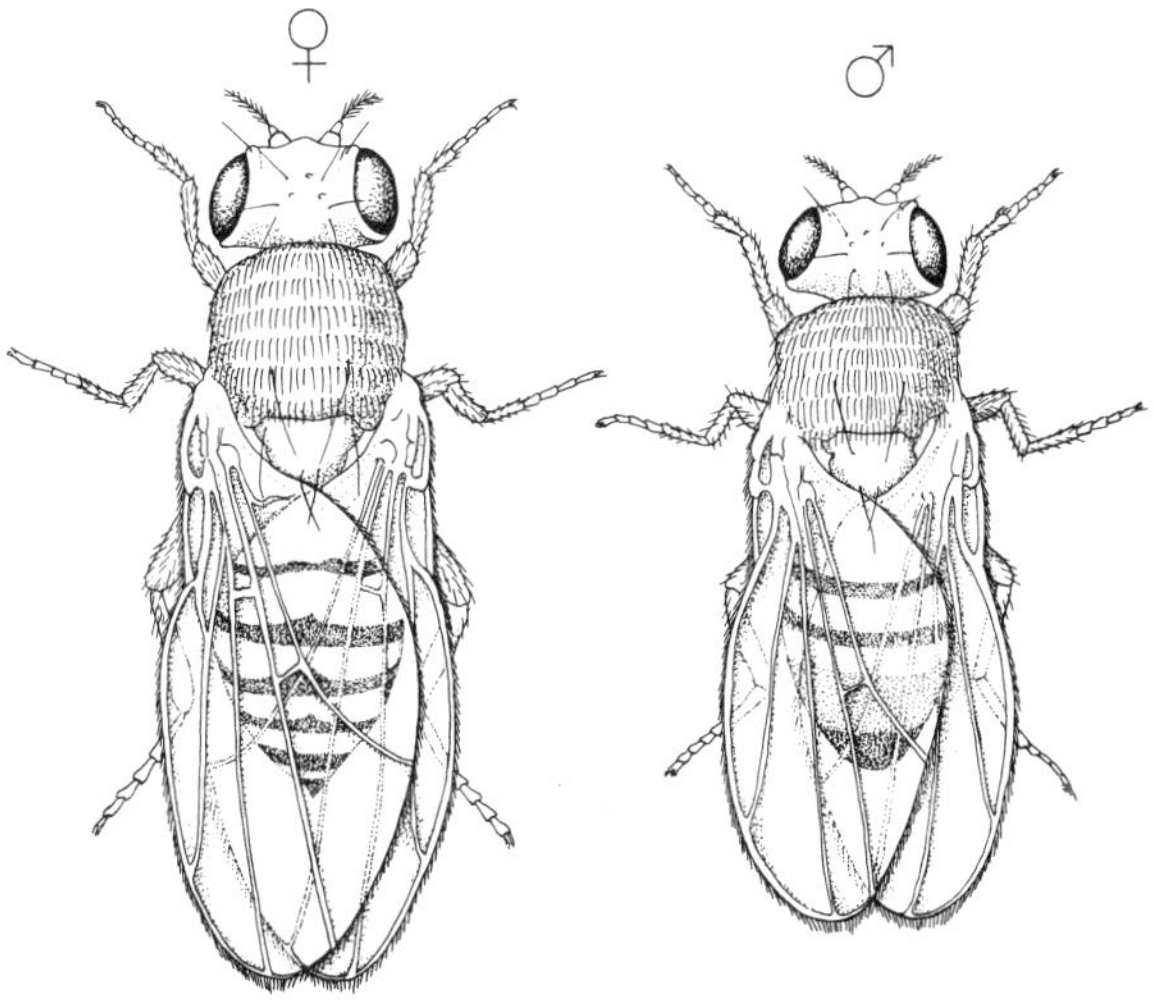

ショウジョウバエの雌（♀）と雄（♂）（H. Curtis, *Biology*, Worth Publishers, New York, 1968）.

　モルガンの研究により、メンデルの遺伝原理は世界中の人々から受け入れられるようになった。もっとも、イデオロギー的先入観のある生物学者や素朴な動植物の育種家の中には、この説に対する抵抗がごく最近まであった。このようにしてメンデルの説が受け入れられたことによって、遺伝学の第三期の発展への道が開けた。この時期で、遺伝の機構は個々の細胞のレベル、また多細胞生物レベル、集団のレベルで大きく理解されるようになった。このような進歩によって理論的な理解への道が開け、生物進化の動態の、数量的な分析などが行なわれるようになり、農業と医学に量り知れない利益をもたらした。農業に関しては、メンデルの原理を応用することにより、今までの経験的な育種法に代ってもっと合理的な方法をようやくとることができるようになった。このような新しい方法によって、病害に対する抵抗性、高い収穫量、気候の悪い所でも育つ能力、また最近では機械による収穫手段にたえる強さなどの経済的に考えて重要な性質を持つ変種が、それまで用いられていた農作物や家畜からつくられた。このような生物学的技術の成功は、工業の進んだ国家で、食糧生産に必要な農業人口を削減する上に大きな役割を果たした。医学に関しては、いろいろな人間の病気の遺伝的基礎がわかってきたために、それを防いだり治したりするための理論的なよりどころが得られるようになった。

しかし、これらの遺伝学の発展の全時期を通して、遺伝の基本的な単位である遺伝子は、抽象的な概念であって、その実体はほとんどわからなかった。後で考えてみると、遺伝子の物質的基礎を明らかにすることになった研究は、メンデルの遺伝子発見の二、三年後にすでに始められていたが、それがわかるまでには、更に八〇年の歳月が流れなければならなかった。一八六〇年代の終りに、スイスの化学者F・ミーシャーがそれまで知られなかった燐酸に富む酸性物質を白血球と鮭の精子の核からはじめて分離した。この特異的な物質は**核酸**と呼ばれるようになった。この名前は誤解を招きやすいことが後にわかったが、今もそのまま使われている。核酸が動物界にも植物界にもあまねく存在することが示されたのに続いて、世紀の変り目の生化学者であったA・コッセルによって、核酸が窒素を含む四つの塩基、**アデニン**、**グアニン**（この二つをプリンと呼ぶ）、**シトシン**、**ウラシル**（この二つをピリ

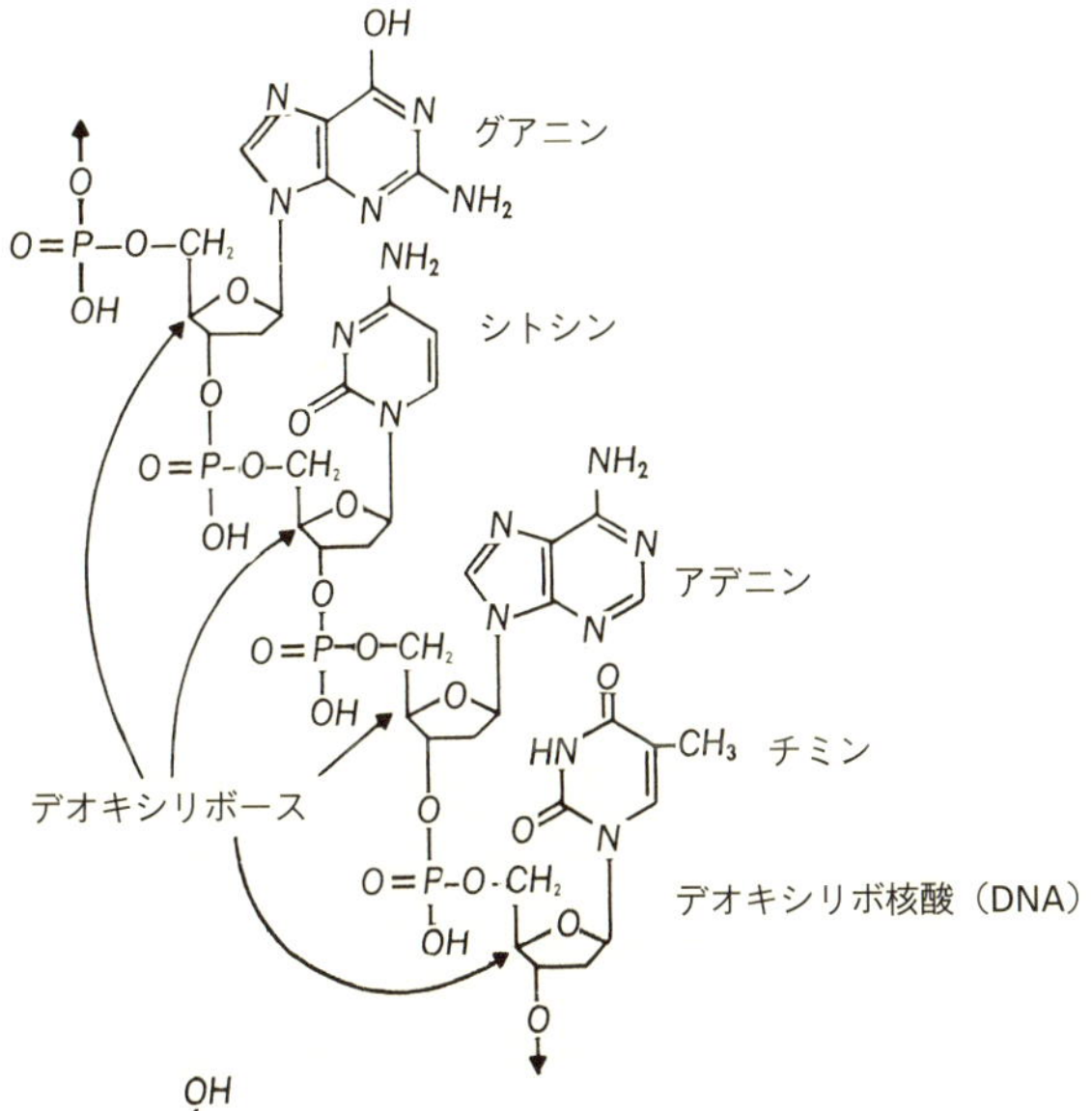
OH
N
N
グアニン
N
N
NH₂
O
O=P–O–CH₂
OH
O
NH₂
シトシン
N
O
N
O=P–O–CH₂
OH
O
NH₂
N
N
アデニン
N
N
O
O=P–O–CH₂
OH
O
O
HN
CH₃
チミン
デオキシリボース
O
N
O=P–O–CH₂
デオキシリボ核酸（DNA）
OH
O
O

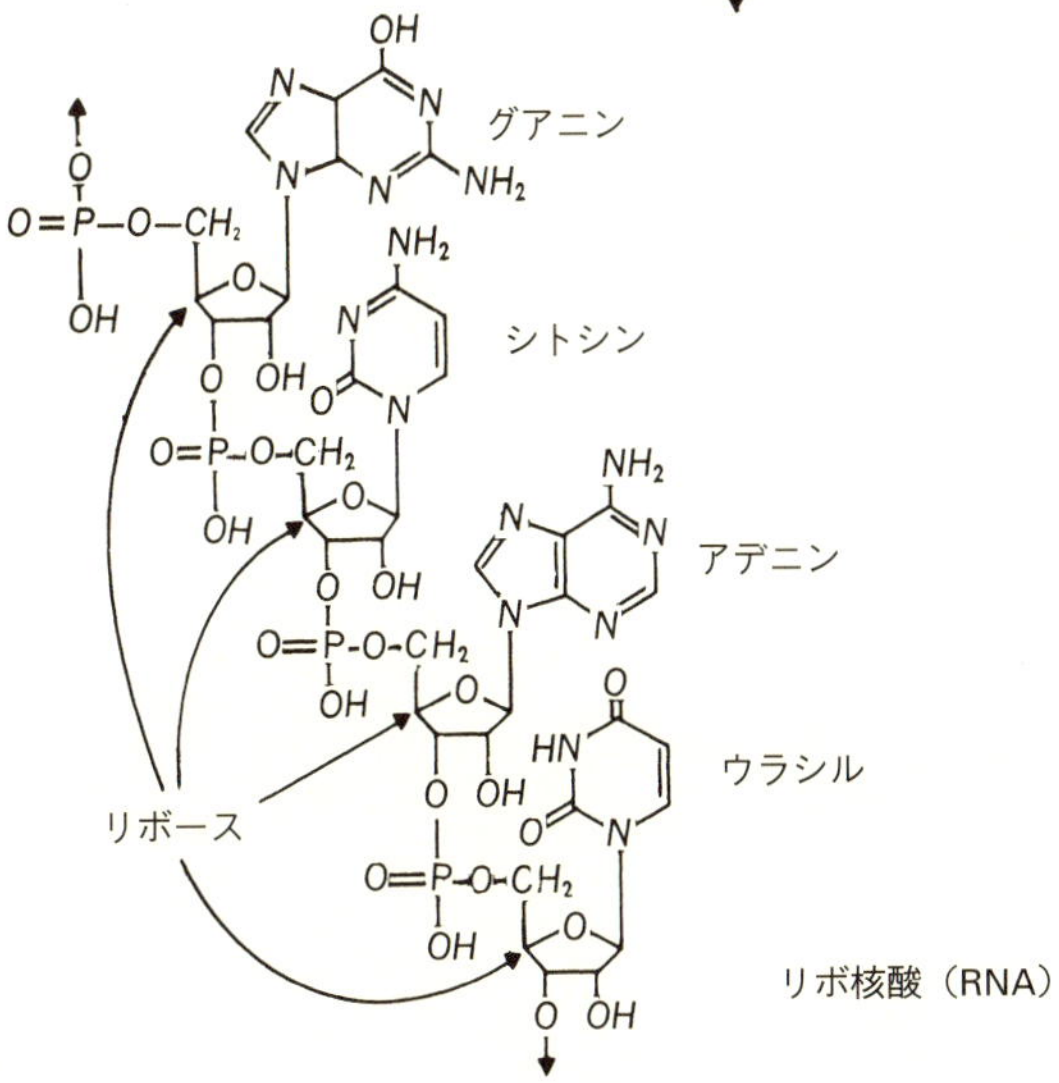
OH
N
N
グアニン
N
N
NH₂
O
O=P–O–CH₂
OH
O
NH₂
OH
シトシン
N
O
N
O=P–O–CH₂
OH
O
NH₂
OH
N
N
アデニン
N
N
O
O=P–O–CH₂
OH
O
O
HN
ウラシル
OH
リボース
O
N
O=P–O–CH₂
OH
O
リボ核酸（RNA）
O
OH

ミジンと呼ぶ）と、**燐酸**および五炭糖からできていることが明らかにされた。一九二〇年代までにさらに分析が進んで、核酸には二つの基本的にちがった種類のものがあることがわかった。その一つは**リボ核酸**（ＲＮＡ）であり、もう一つは**デオキシリボ核酸**（ＤＮＡ）である。ＲＮＡはリボースという糖を持っているが、ＤＮＡはデオキシリボースという糖を含んでいる。さらにＤＮＡはウラシルを含んでおらず、そのかわりにウラシルによく似た塩基である**チミン**を含んでいる。窒素を含んだ塩基、糖、燐酸が結合して**ヌクレオチド**を構成する。一九三〇年代までに核酸分子は、このようなヌクレオチドが糖の間の燐酸ジエステル結合によっていくつかつながったものであることが示されたが、核酸が非常に大きな分子量を持った物質であるということがわかったのは、それから十年も経ってからのことである。今では、核酸分子は数千の、時には数百万のヌクレオチドが長い鎖状に連なったものであるということがわかっている。ＤＮＡが染色体の主成分であることが示されるとすぐに、核酸が遺伝と**何か**関連があるのではないかということが考えられるようになった。核酸が遺伝物質ではないかという考えは、今世紀のはじめに提出されていたが、ずっと後になって実験的にそれが実証されるまでは、多くの遺伝学者は真剣にその問題を考えてみようともしなかった。

したがって遺伝子の本体については、この間ずっと何もわからないままであった。遺伝子の化学構造がわからなかったばかりでなく、遺伝子が核の中にありながらどのようにして細胞の生理学的な働きを支配したり、増殖の際にまったく同じものをつくりだすことができるのかということを、誰も説明できなかった。一九五〇年になっても、当時の遺伝学における政治家的長老の一人であり、また遺伝子についての指導的な哲学者でもあったH・J・マラーは、メンデルの研究の再発見の五〇年祭にさいして、この状況を次のように述べている。「……遺伝学説の核心は依然として未知のままである。すなわち、われわれは遺伝子を遺伝子たらしめている特有の機構についてはなにも知らないのである。この特有な機構とは、自己と同じ構造を合成する能力であり、その過程では、もとの遺伝子におこった突然変異までも複製されるのである。……そこでは、無限に考えうる反応の中から、ただ一つの反応だけが**選び出され**、その結果、まわりに存在する物質の中から適当な材料を用いて、その反応を指令している物質と同じ構造の物質が合成されるのである。化学の領域においては、われわれはいまだかつてこのような反応に出会ったことはない」と。その「核心」は理解されていなかったけれども、遺伝学はそれまでに驚くべきほどの成功をおさめて**いた**。それによって生物界を認識するうえに、今までにないほど高度の知識を与えてくれることになった。

これまで簡単に述べてきた発展と、その間に得られた知識は、今日、一般に古典遺伝学と呼ばれているものである。もっともこのような呼び方は、今でもこの伝統に沿った仕事をしている人々からは歓迎されず、かれらが自分達の仕事が近代的ではなく古典的だといわれることに憤りさえ感じているのも無理からぬことである。けれども、一九四〇年以前の遺伝学には一つの重要な特徴があるので、この時代の遺伝学に特別な呼び名をつけて、それに続く「現代」遺伝学から切り離して考えることは全く的をはずれたことではないであろう。**古典遺伝学にとっては**、**遺伝子はそれ以上分割できない**、**形式的かつ抽象的な単位であった**。遺伝子の細かい性質を調べたり、その物理的実体について知ることは、古典遺伝学者にとっても非常に知的興味をひく問題であったことにはまちがいないが、かれらの仕事の主流ではなかった。かれらの遺伝の機構に関する学説や、それから導かれた仮説は非常に形式的なもので、その成功は顕微鏡でみることのできないレベルでの遺伝子の構造、すなわち分子構造に関する知識などをよりどころにしているのではないのである。一九四〇年までに遺伝学の基本的な問題の大部分が解決され、古典遺伝学はその頂点に達した。ここで古典遺伝学は英雄的な時期からアカデミックな時期へと移り変わっていった。英雄的な時期には人々は底知れぬ疑問と取り組んできたが、アカデミックな時期には、それまでにうちたてられた知識をもとにして、有能な学者や技術者達の細かい点についての研究が始められた。実際的な収穫の大部分は、いよいよこれから得られるというところであったが、とにかく道なき所に道をつけるという新地開拓の時代は終った。一九四〇年以前の遺伝学に対する「古典」という呼び方は、ちょうど、世紀のかわり目の古典物理学と似ているところからきているのであろう。古典物理学においても、基本的でありながら未知の単位であった原子によって、物質の巨視的性質に関する非常に広汎な理解がもたらされていた。古典遺伝学と古典物理学とを対比させることによって、問題は明らかにされることなく、あいまいのまま残される可能性はあると思うが、それにもかかわらずこの二つの学問の間の類似性は驚くほどである。

分割することのできない遺伝子に関する古典的な研究枠を越えた遺伝学を展開させるためには、化学と遺伝学という、生命ある物質の研究に本来相い補って進んでいかねばならない、二つの学問の間に橋をかけなくてはならなかった。この方向に向って意識的な努力が始められたのは一九三〇年代の後半であった。ショウジョウバエのいくつかの突然変異体は特有の眼の色を持っているが、これは正常なハエの眼の色を赤くする褐色の色素が、生化学的合成過程における故障のためにだめになるためである。色素の合成過程の各段階は、それぞれ特異的な酵素によって触媒されているから、ショウジョウバエの眼の色を決める遺伝子は、眼の色素を合成する酵素の形成を支配しているのだと考えるのは当然といってよかった。ついでながら、遺伝子の突然変異により特異的な酵素の生成が阻害される事実は、実はハエではじめて見出されたのではなく、その前に人間についてA・E・ガロッドによってみつけられていたのである。ガロッドは、尿の黒色化をともなう関節炎のような病気であるアルカプトン尿症が、遺伝病であることを明らかにし、一九〇九年に「代謝の先天異常」という言葉をいい出した。だがガロッドの発見は、メンデルの発見と同じように、その時代にしては進み過ぎていたので、三〇年後に再発見されるまでは、遺伝学上の思考にほとんど影響を与えなかった。

一九四〇年にG・W・ビードルとE・L・テータムは、パンに生えるアカパンカビという微生物の遺伝生化学の研究に転向した。かれらはショウジョウバエの眼の色素合成の遺伝的支配の解明に、重要な役割を果たしたが、その材料にまつわる困難さに失望して実験材料を変えたのである。ビードルの言葉を引用すると、「この新しい実験材料を用いると、われわれは今までと根本的に異なった実験方法をとることができる。カビの培養液の組成を変えることによって、生物学的に重要な既知の化学物質の合成に関係している遺伝子突然変異を探すことができる。わずかの時間で、ビタミン、アミノ酸、その他の原形質の必須成分を合成できない突然変異体があまりたくさんとれてしまって、われわれはどれから先に手をつけてよいかわからないほどであった」。次の五年間で、ビードル、テータムと共同研究者達は、数多くのアカパンカビの突然変異体の遺伝的、生化学的特性を解析することによって、「一遺伝子－一酵素」説を強く打出すことができた。この説によると、すべての遺伝子の基本的な機能はただ一つであり、ほとんどの場合に、それぞれがそれぞれただ一種類の酵素の合成を支配するというのである。このようにして各遺伝子は、特定の酵素の触媒する特定の化学反応を支配することになる。遺伝子がただ一つの機能を支配するのだという考えは、ビードルとテータムに始まったものではないが、かれらの明確な表示の仕方と、一遺伝子－一酵素説を支持するしっかりした実験事実によって、その後遺伝学の中心問題の研究を進めていく上に測り知れない影響をもたらした。というのは、細胞の機能を支配するにあたって、それぞれの遺伝子がただ一つの役割しか果たしていないことが確かならば、そのただ一つの役割をそのうちに明らかにすることができるだろうという希望を与えてくれたからであった。この期待は、次の二つの章で述べる遺伝学の発展によって実現されることになった。

今までは、古典遺伝学を第一の例に選んで、人類の古くからの疑問が、はじめは数千年、ついでは数百年という時間をかけてゆっくり展開し、やがて速度をはやめ、ついには解決されることを考察してきた。いったん成功してしまうと、その研究分野はロマンチックな探求心をひきおこすにはあまり魅力的ではなくなってしまい、その段階で性質が変ってしまう。未開の荒野を探求しようという傾向の強い人々には、この分野はもはや訴える力をなくしてしまっている。なぞと戦った荒武者にとって代って、重箱の底をつつく学者と、応用を考える技術者がでてくる。ロマンチックな人々は古典的な学問の骨組みを広げ、あるいはむしろそれを捨てさることによって、「近代的な」分野をつくり出すことになる。後の章で明らかにしたい点は、人間活動のどの分野においても、このような古典から近代へのひきつぎが次々と無限に行なわれるだろうとか、または行なわれ得ると期待することはできないということである。人間の知性が人間活動を無限に発展させられるとは到底考えられないように思えるのである。

古典遺伝学の短かい要約を終るにあたって、そこから生れた一つの問題児である**優生学**について簡単に考えてみたい。優生学は重要な哲学的問題をはらんだたくさんの論争をひきおこしている。今世紀に入る少し前、したがって古典遺伝学がはっきり始まる前に、文明は人類の進化に好ましくない影響を与えるという天啓的な考えがすでに生じていた。それによると、医療技術により適者ばかりでなく不適者の生存も可能になり、そのため長年かかってやっと獲得したすばらしい人類の遺伝的資本がむだに使われてしまうというわけである。たとえば、眼鏡の発明によって、視力の欠陥をおこす遺伝子に対する自然淘汰の力が弱められてしまった。したがって、何か方法を講じなければ、人類は一歩一歩生物学的に退歩していき、ついには衰微し消滅してしまうかもしれないというのである。この考えは、人類遺伝学が進んできて、多くの生理学的、解剖学的な欠陥が遺伝的なものであることがわかるにしたがって、一層強い支持を受けるようになった。そして知能とか犯罪などは、遺伝的に支配されている心理学的特性であるという仮定のもとに、同様な考察を進め、社会福祉や刑法の寛大化などの人道主義が強化されることによって、行動という面からも人類が退化する可能性があるという考えがでてきた。これは、遺伝的に知能が低い人々とか、道徳面で劣る人々の数が知能の高い人々の努力のおかげでダーウィン的淘汰を免れて、ずんずん増えているという見方である。

このような考えに立って、一八九〇年代にフランシス・ゴルトンは優生学を広めようとした。かれは、優生学は目的をもった社会科学的な人類の交配計画であり、文明によってひきおこされる人類の遺伝的退化を阻止し、将来の人類の体位と知能の向上を目ざすものであると述べた。この考えは、はじめは、まじめな遺伝学者によってつくり出され、いつも厳密であったとはいえないが、かなり合理的な観察と論議にもとづいたものであったが、同時に優生学は狂気の政治家や人種的偏見を持つ人々にとって利用価値のある、たまらなく魅力的な学説となった。ナチス・ドイツがアーリア人の「血」にユダヤ「人種」の血が混ざることを排除しようとしたために、それ以後二〇年間は大がかりな優生学的な計画は、たとえドイツのやり方のように悪質でなくても文化人から憎悪の眼でみられるようになった。しかし最近になってふたたび米国で黒人問題の解決のために優生学的な方法を用いてはどうかという要求が現われはじめた。このような要求を出す人々は、黒人が社会的経済的に劣っているのは、先祖伝来の遺伝によるものと考えている（ここで、アメリカ黒人の遺伝的特性の三分の一はヨーロッパから受け継がれているという事実に注意してほしい）。現在のわれわれの知識に関する限り、このような計画はまったく無意味であるということを米国の遺伝学者仲間はよく知っているが、このような要求がまちがっているという声明を発表するための、人類遺伝学者の徒の会議を開くことが、政治的に極めて必要であると思われる。

文明が「不適者」の生存を助けるという擬ダーウィン的な論議は、明らかにまちがっている。したがって優生学の哲学的な基礎づけも誤りであるといわねばならない。現在では誰でも知っているように、「適者生存」ということは、「淘汰を免れた者が生存する」ということの同義語にすぎない。したがって「不適者」というのは客観的で科学的な価値基準によるものではなく、主観的なものである。将来、優生学がどの程度に応用されるかを今日予想することはむずかしいが、ともかくそれは遺伝相談とか、人工授精のために「すぐれた」父親から供給された精子「銀行」という形で、限られた程度にではあるが、**すでに**実行されつつある。後の三章で述べる分子遺伝学によってもたらされた新しい知識によって、未来の優生学は、ただ既存の遺伝子プールから交配の際に好ましい遺伝形質を選び出すという「古典的」な方法ばかりでなく、直接に好きな遺伝分子をつくりあげるという方法も考えに入れるようになるであろう。それよりもっと風変りな、とてつもない優生学は、人間の無性的増殖ではないであろうか。現在の個体発生に関する知識はまだ不完全ではあるが、受精卵が成熟した人間に発生する過程が解明されるにつれて、一つの体細胞から完全な個体を人工的に再生させることが可能にならないともかぎらない。もしこのような再生が可能になるとすれば、ある「完全な」人間と全く同一の遺伝子組成を持つ「双生児」を何人でも無限につくれることになる。

ジョシュア・レーダーバーグは近い将来、**優形学**（euphenics）が優生学よりもずっと重要になるであろうといっている。優形学は人間の遺伝子はそのままにしておいて、その**現れ方**を変えたり補ったりしようとするものである。したがって将来ではなく、今、この場で効果が現れるものである。優生学とちがって優形学は、すでに予防接種、ホルモン投与、自然のまたは人工の臓器の移植などという形でさかんに行なわれている。優形学的な医療技術が急速に進歩することは容易に想像される。たとえば、子宮内の環境を調整することによって優れた知能と体位を持った赤ん坊が生れてきたり、使い古された組織と臓器をとり代えることによって永久に寿命がひきのばされるようになるかもしれない。

このように優形学と優生学が、遠からずある意味での「黄金時代」をもたらしてくれる可能性は強い。死すべき運命を持った人間はまもなく老いのみじめさから解放され、手足は萎えることを知らず、眠りにつくような安らかさで息をひきとることができるようになるであろう。けれども、このような遺伝的に標準化されたり、注文通りの部品でつぎはぎされたりしたような人々の住む黄金時代が、われわれ遺伝学者の好みにあうかどうかは別の問題である。遺伝学の黄金時代についての小論の中で、ジュリアン・ハクスリーは遺伝工学（当然文化的のものだが）を弁護して次のように述べている。「われわれ人類はつねに進化しつづけるものであり、人間生命の持つ先天的な可能性を発揮することこそもっとも高貴な行ないである、という事実をはっきりつかんでおれば、われわれに課せられた義務と運命を遂行していく上にたちはだかる抵抗を克服する方法はなんとかみつけられるはずである」。しかしほぼ二〇年ぐらい前にすでに、ジュリアンの兄のオルダス・ハクスリーは、このような高貴な行ないのいく末が、いわゆる「すばらしい新世界」になることに気づいていた。

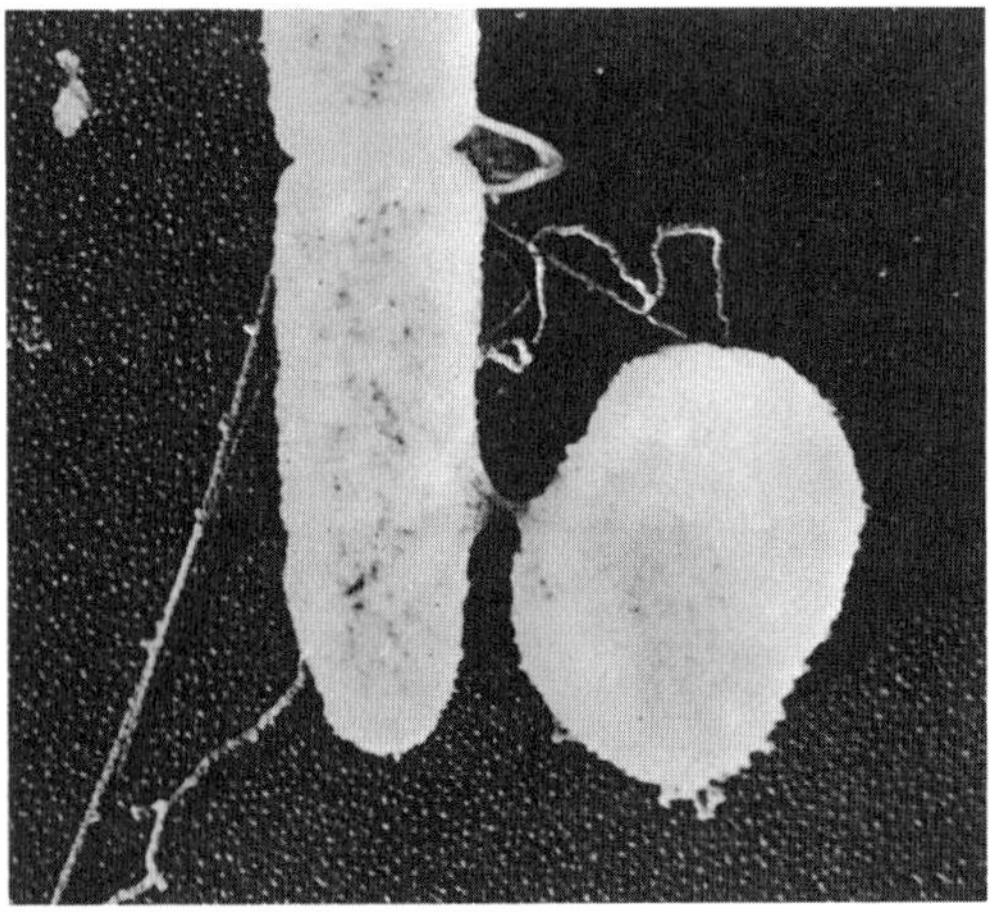

接合している2つの大腸菌の電子顕微鏡写真．細長い雄と丸っこい雌の菌との間に細い橋がかかっているのが見える．この橋を通ってDNAが供与菌から受容菌細胞へ移る（Photograph: Thomas F. Anderson）．

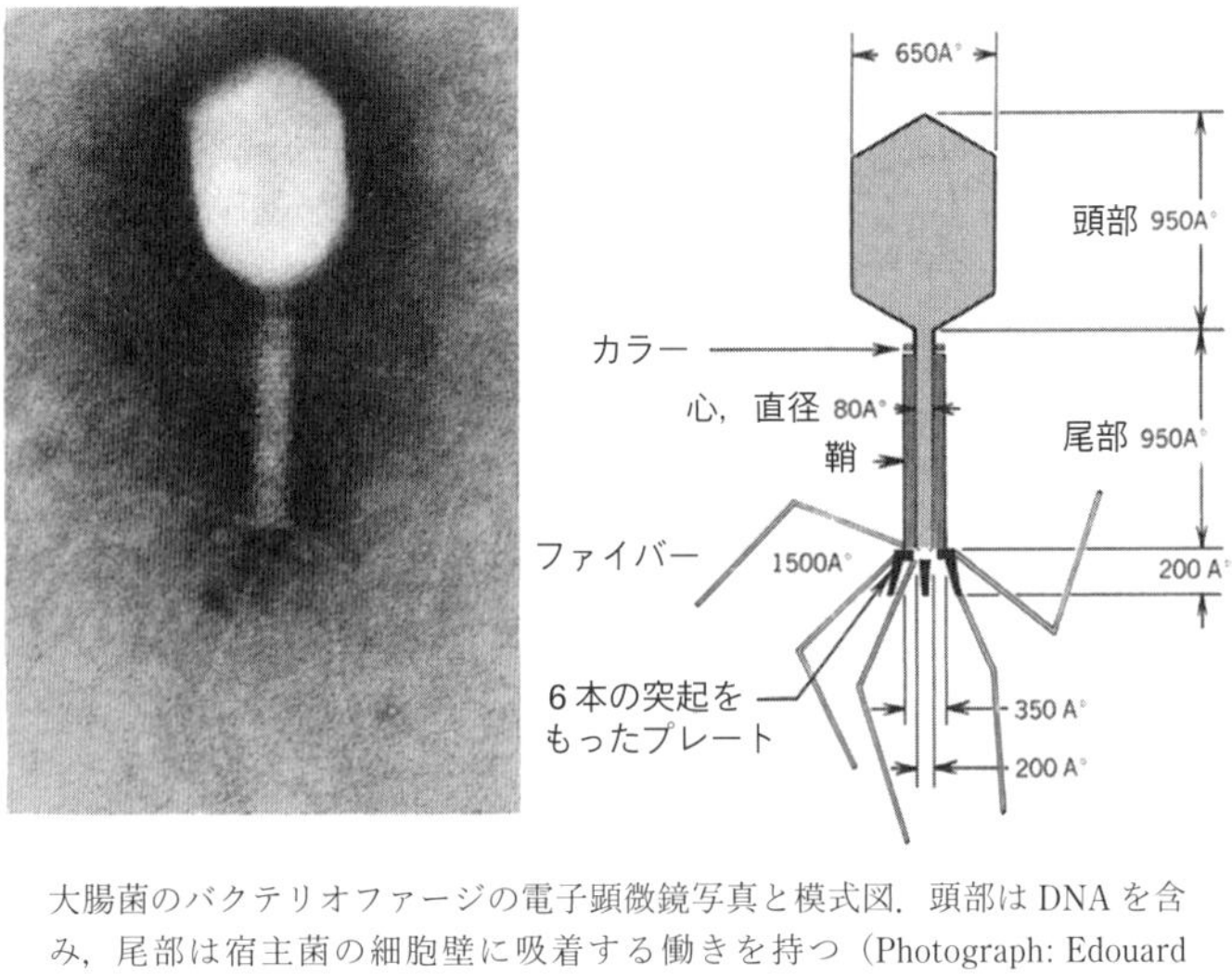

大腸菌のバクテリオファージの電子顕微鏡写真と模式図．頭部はDNAを含み，尾部は宿主菌の細胞壁に吸着する働きを持つ（Photograph: Edouard Kellenberger）．

二　ロマンチック時代

前の章で、今世紀の最初にメンデルの法則と論文が再発見されたことにより、遺伝学が花を開いたことを述べた。それに続く四〇年の間にたくさんの知識が蓄積され、科学が始まってからこのかた、自然科学者を惑わし続けてきた遺伝の機構がわかってきた。これらの知識を一括して「古典」**遺伝学**と呼んだ。その特徴は、基本的概念である遺伝子が分割できない、形式的、抽象的な単位としてしか理解されなかったということである。子が親に似るという結果をもたらす生理的な反応を、遺伝子がどのように支配しているかということや、遺伝子の化学的性質については何もわかっていなかった。けれども、一九四〇年代には、新しい時代の曙が訪れていた。「一遺伝子－一酵素」説が発表されていたのである。この説によると、それぞれの遺伝子のただ一つの基本的な機能は、それぞれ一つの酵素の合成を支配することである。この酵素が次にある一つの化学反応を触媒するのである。この偉大な、また当時としては大胆な概念的単純化によって、一見とほうもなく複雑にみえる生理的な過程も化学的に理解できるのではないかという希望をもたらした。

これと同じころ、成り立ちも動機も古典遺伝学者とはちがっているグループの人々が、遺伝子の本性に興味を持ち始めた。これらの人々の大部分は、それまでに得られていた遺伝学の知識、いや生物学一般についての知識さえほとんどない人であった。かれらはおもに物理的科学を学んだ人々で、かれらの興味はただ一つの問題にしぼられていた。その問題とは遺伝現象を物理的に説明できるかどうかということであった。もちろん物理的科学方面の学者が生物の問題を解こうとすること自体はなにも新しいことではなかった。実際に十九世紀の生物学に貢献した多くの研究は物理的学問を学んだ人々によってなされたのである。パスツール、ヘルムホルツあるいはメンデル自身も物理的科学の出身であった。しかし一九四〇年代の遺伝学の進歩にあずかった物理学者を内から支えていたのは、やや特殊な哲学的傾向であった。ちょうど旧式の生起論（生命現象は結局のところ物理や化学では説明されないもので、神秘的な「生気」によってのみ説明されるとする十八世紀の学説）が進歩的知識社会の間で急速に消滅しつつある時に、ニールス・ボーアは生物現象の中には普通の物理的概念だけでは説明**できない**ものもあるにちがいないと考えた。ボーアは原子構造に関する量子論の建設になぞらえて、作用量子を記述することの不可能性ということを一般化した。かれによれば、古典物理学の観点からの「不合理」ということは、「深刻な矛盾に遭遇して始めて、一段高次の理解へ進めるのだ」という教訓の例にすぎないことになる。かれはこの考えを、一九三二年の国際光線療法会議で「光と生命」と題した講演の中で述べている。「最初はこのこと（不合理的要素の導入）は非常に歎かわしいことのように見えるかもしれない。けれども科学の歴史上しばしばみられるように、それまでその普遍的適用性が疑われなかった概念が、新しい発見によって限られた場合にしか適用できないことが明らかにされると、それによって今まで矛盾すると考えられていた現象を関連づける、より広い視野と知識を得る結果になるのである。特にボーアは生命について研究する際にこの可能性を心にとめておくべきであるとして次のように述べている。「生物の機能にとって、原子論的特性が本質的に重要であることが理解されても、それで生物現象を包括的に説明するには十分ではない。したがって問題は、われわれが生命を物理的な基礎に立って説明しようとする前に自然現象の分析において何か基本的な特性をみのがしてはいないか、ということである」。生命を物理的な言葉で理解しようとする場合にぶつかる困難は、ボーアによれば「生物学と物理学では研究の条件が直接には比較できない。生物学では研究材料を生かしておく必要から実験が制限されるが、物理学ではそのような問題はない。生命活動における一つ一つの原子の役割を記述するためには、動物を殺して器官をとり出して細かく調べなければならない」。このように生きている動物に対しても、電子に対する場合と形式的に類似している「不確定性原理」が存在するように思われる。というのは、「その生きものがおかれている物理的な条件についての不確定さをとり除くことは不可能であり、それを生かしておくために、最小限の自由を許すだけで、その生きものの持つ秘密は、われわれからかくされてしまうということが考えられる。このような観点から、生命の存在そのものが、説明することのできない基本的な事実であり、生物学の出発点であるとみなさなくてはならない。これはちょうど作用量子は古典力学的な見地からは不合理的要素とみえるが、それと素粒子の存在が、原子物理学の基礎となったのと似ている。生命に特有の機能を物理的または化学的に説明することの不可能さは、この点、原子の安定性を理解するのに力学的分析では不十分であるのと類似している」。このようなボーアの考え方は、物理学と生物学との関係を新しい立場に立たせることは明らかである。

事実、遺伝学が物理的化学的説明ではボーアのいう意味で〝不十分〟であると思われる領域に属するということが、一九三五年にボーアの弟子であるマックス・デルブリュックによって論ぜられた。「遺伝子突然変異と遺伝子構造の本質」という論文で、デルブリュックは「物理学では、すべての測定は原則として空間と時間の測定に還元されなければならないが、遺伝学の基本的な概念である形質のちがいを、絶対的な単位で意味あるように表わせるような例はおそらく一つもないであろう」と指摘している。このように、デルブリュックは、「遺伝学は自律的な学問であり、物理化学的な概念と混同してはならない」という見解をとった。「ショウジョウバエの精密な遺伝的分析により、遺伝子の大きさは特異的な構造を持った既知の一番大きい分子と同程度のものであると推定されるようになった。その結果、多くの研究者達は遺伝子は特定の構造を持った分子であり、その構造がわかっていないだけであると考えるようになった」。けれども、デルブリュックは、この考え方と分子の化学的定義との間には大きな隔りがあるということを心にとめておかなければならないとして、次のように続けている。「化学で分子という時には、それは化学的な刺激に対して均一に反応するものをいう。けれども遺伝学においては、定義により、化学的に不均一の環境の中で特定な「遺伝子分子」が一個あるだけである。われわれがある個体と他の個体が同一の遺伝子を持つとみなすのは、似たような個体発生的な効果を持つということだけからである。したがって遺伝的に同等な多数の生物から特定の遺伝子を分離でき、これら分離された一団の遺伝子の働きを化学的に研究できないかぎり、思考実験によってすら均一な化学反応を問題にすることはできないであろう」。それはそれとして、遺伝子が分子であると考えられる第一の理由は、外界からの影響に対する遺伝子の長期にわたる〝安定性〟である。「したがって、われわれが遺伝子を分子と考えるのは、それらが似た働きをするというよりは、むしろ原子を特定の結合体であると想定して、二つの遺伝子が同じなのは、それらがまったく同じ安定な配列をとっているとみるからである。この分子の中の原子配列の**安定性**は、生きている細胞の中で普通に進行している化学反応と比べて、特に大でなければならない。遺伝子は代謝反応一般には単に触媒的にしか参加できない」。デルブリュックは、この安定性は、遺伝子「分子」を構成するそれぞれの原子がその平均的位置と電子状態に固定されているときにのみ説明できると考えた。したがって、この分子という集合体の中の何か一つの原子が、その状態を変化させるに必要な活性化エネルギー以上のエネルギーを何かのはずみで獲得する時にだけ不連続的な、飛躍的な変化がその配列におこる。このような変化が遺伝子突然変異に対応すると考えられた。

一九四五年、第二次世界大戦終結直後に一冊の小さな本が出版され、今まで一部の人々にしか知られていなかったこれらの見解が一般に広められ、多数の読者を獲得した。それは、当時反ナチス亡命者としてアイルランドに住んでいたアーヴィン・シュレーディンガーによる『生命とは何か』という本である。この本でシュレーディンガーは、生物学研究における新時代の夜明けを仲間の物理学者達に予告した。当時の物理学者が生物学について知っていることといえば、古くさい動植物学以上にでなかった。量子力学の考案者の一人が、『生命とは何か』という疑問をなげかけたことによって、物理学者達にかれらを発奮させるに十分な基本的問題が、提出されていることが明らかになった。これらの物理学者の中には、終戦直後という時代の中で仕事ができずに悩んでいた人が多かった。かれらは、シュレーディンガーのいう、めざましい発展の準備ができている新しい未開の分野に努力を傾けようと切望した。このように読者の情熱をかきたてたという点で、シュレーディンガーの本は、生物革命における一種の「アンクル・トムス・ケビン」となった。そして砂ほこりが晴れた時には分子遺伝学がその遺産として残されていた。

シュレーディンガーは次のようなはげましの言葉で書き始めている。「今日の物理学や化学では生きている生物内でおこっている現象を説明できないからといって、それらが、物理や化学で説明することは不可能であると疑う理由には決してならない」。シュレーディンガーが次に指摘しているように、生物は原子と比べて大きいのであるから、生物が精密な物理の法則にしたがわないのだという結論にはならない。さらに生命体の持つ特有の性質、すなわち無秩序から秩序をつくり出すことでさえも、生体反応が熱力学の域を越えているわけではない。熱力学の第二法則によると、宇宙では秩序は崩壊して無秩序になるはずではあるが。というのは、地球上の生命は明らかに、太陽でおこっている巨大な崩壊過程で生ずるエネルギーで養われており、太陽光線により海から蒸発した水で雨雲がつくられるように、生命の存在もこの第二法則に違反することにはならない。むしろ**ほんとう**に必要なのは、遺伝情報の物理的基礎を明らかにすることである。なぜなら生物の示す秩序をつかさどっていると考えられる遺伝子の大きさは原子と比較にならないほど大きくはないからである。では、どのようにして遺伝子は環境の変動に耐えることができるのであろうか。どうしてハプスブルグ家の唇の形をつたえる小さい遺伝子が、絶対零度ではなく三一〇度という絶対温度で、何百年もの間、その特有の構造と、したがって情報を保ち続けることができたのであろうか、とシュレーディンガーは不思議に思うのである。その十年前にデルブリュックが提唱した遺伝子の安定性は、遺伝子「分子」中のそれぞれの原子が「エネルギー」の井戸に入って落ちついているからであるという考えにしたがって、シュレーディンガーは、遺伝子をになっている染色体が**非周期性結晶**であるために、遺伝子の構造が維持されるのだと考えた。この大きな非周期性結晶は、数種の異性体因子が多数連なったもので、そのつながり方の特性が、**遺伝の暗号**を表わしている。シュレーディンガーは、異性体因子として、モールス信号の二つの符号を例にして、遺伝暗号の組合せの可能性が莫大になることを示した。かれは次のように考えている。「遺伝物質に関して、デルブリュックの分子説に代るものはないと断言してよいであろう。物理的見地からみて遺伝子の永続性を説明できる他の可能性は考えられない。もしデルブリュックの考えが失敗に終るならば、われわれはこれ以上の試みをあきらめなければならないであろう」。さらに、「デルブリュックの示した遺伝物質に対する一般的な描写から考えると、生物は現在までに確立された〝物理法則〟を免かれてはいないが、一方まだみつかってはいない〝別の物理法則〃が関係しているようにみえる。この新しい物理法則も、いったん知られてしまうと、既知の物理法則の一部として同化されてしまうであろう」。

「別の法則」の探究についての哲学的考察は、デルブリュックが一九四九年に行なった「一物理学者の見た生物学」と題した講演でさらにくわしく述べられている。デルブリュックはまず、かれが物理学と生物学の根本的な違いであると考えているものについて注意を促している。物理学の目標は、普遍的な法則を発見することであるが、生物学者がこのような目標に専心できないのは無理もない。というのは、「どの細胞も、何十億年の進化の記録を具現化しており、物理的出来事というよりも、むしろ歴史的出来事であるといえる。……このような知恵にたけた用心深い化け物を簡単な言葉で、説明できると思うのは無理である」。古典物理学と量子物理学の関係を、生物学に対する実物教訓として述べた後、デルブリュックは、次のようなボーアとかれの信念を述べている。「力学に還元できない原子の特性、たとえばその安定性を発見したと同じように、原子物理学に還元できない生細胞の特性が発見されるかもしれない。それはちょうど原子物理学に対し、〃**相補的**〃関係にあるようにみえるであろう」。デルブリュックは、この見解が馬鹿な誤解をうけやすく、また不必要な敗北主義や、見当ちがいの無茶な生気論的妄想をひきおこしやすいという点で、非常に危険であるかもしれないことにも気づいていたといっている。それでもかれは、生物学に相補的状況があるであろうという考えが、「少なくとも**一人の**物理学者」の生物学への興味をかりたてる主な動機となったということで、この考えは正当化されるとはっきり言っている。デルブリュックは、物理学者兼遺伝学者が生化学を否定するという、一見驚くべき態度を説明した訓戒を述べてかれの講演を終っている。デルブリュックは、生化学は生物学のほんとうに重要な問題を理解するには、あまり役に立たないであろうといっている。「物理学者は、原子物理学が生物学に近づくただ一つの現実的な道は生化学を通してであると教えられるかもしれない。現代生化学の物語をきかされると、物理学者は、細胞には酵素がいっぱい詰まっていて、それが基質に働いていろいろな中間段階を経て、細胞構成分あるいは老廃物に変えていくと思い込まされてしまうかもしれない。……規則正しく酵素が作用するには、酵素は適当な戦略的位置についていなければならない。その酵素は、合成されてその位置まで運ばれてこなければならない。この機構はまだわかっていないが、少なくともちょっと考えたところでは、他の生化学的過程と必ずしもちがっているとは思われない。……しかし、この単純なものを複雑なものを通して説明しようとするやり方は、原子を複雑な力学的モデルで説明する計画と同じような疑わしい臭いがある。この考え方は、パラドックスが突発してきて、焦点がはっきりしてくるまではおかしいとは思われないであろう。そうなるのは生細胞の働きがもっとずっと詳しくわかってからであろう。この分析は、細胞自身の言葉で行なわれるべきであり、理論は分子物理学との矛盾を恐れずに公式化されなければならない。物理学者がもっとも熱中でき、また生物学への新しい知的な接近法を創案し、まちがって用いられている「生物物理学」という言葉に本当の意味を持たすようにするのは、まさにこのような方法によってであるとわたくしは信じている」。

一九四〇年頃に始まる遺伝学の研究の次の発展期をロマンチックな時代と呼んでいるわけは、遺伝子の研究において、「別の」法則がみつかるかもしれないという、ややドン・キホーテ的の期待があったからである。深いパラドックスに出合うことによって、いままで見抜けなかったものが洞察されるだろうと期待することは確かにロマンチックな考え方であり、このような考えを持った人々は、冷静な教師的学者連中とはなれていった。ここで、コペンハーゲンではそのような観念的な源泉はボーアの心より、もっと深いところからわき出ているのだということを指摘したい。ボーアよりも百年近く前に、かれと同じ町の住民であった、キルケゴールはすでにパラドックスの追求ということをおおいにすすめていた。「パラドックスは思考を促がす情熱である。パラドックスなしに思考する人は、情熱を持たずに恋愛をする人のように、とるに足らない人間である」。

ロマンチックな時代が進むにつれて、ショウジョウバエは実験遺伝学のスターとしての指導的立場を去り、バクテリアとバクテリオファージがこれにとって代った。ショウジョウバエは古典遺伝学の問題を解くためには恰好の実験材料であったが、まれにしかおこらない遺伝の出来事を研究するには、一世代の時間が数週間というのは長すぎるし、一回の実験で扱える個体数がせいぜい数千というのも少なすぎる。そして、このようにまれにしかおこらない出来事こそ、遺伝現象を分子的に理解する鍵をにぎっているのである。

バクテリアはもっとも小さい細胞生物である。長さが〇・〇〇〇一センチしかなく、一番性能のいい光学顕微鏡の分解能の限界くらいの大きさである。バクテリアは、高等生物とほとんど同じだけの化学物質を含み、ほとんど同じ代謝反応を行なっている。実験材料としてバクテリアがショウジョウバエなどの高等生物よりはるかにすぐれている点の一つは、多くの種類のバクテリアが非常に単純なしかも化学組成のすっかりわかった基質で生育できることである。あるバクテリアは、水と簡単な塩類とブドウ糖だけからなる合成培養基で増殖できる。これらの簡単な基質から、バクテリアは細胞を構成している複雑な有機成分、すなわち炭水化物、脂肪、タンパク質、核酸などを自家生産することができる。これに反し、大部分の高等生物は、すべての細胞成分を自分で合成することはできないので、簡単な基質だけでは生きていけない。バクテリアは長くなることによって生長する。ある長さに達するとすぐに分裂して二つの娘細胞にわかれる。二分裂によってできた二つの娘細胞は、親細胞と同じ速度で生長し、また二分裂して四つの孫細胞を生ずる。この孫細胞も生長と分裂を続けていく。一つのバクテリアの細胞が生れてから、二分裂するまでの時間は三〇分くらいであるから、一日、二四時間のうちにわれわれは四八世代の家族の出現を目撃することができる（人間の増殖速度から考えると、これだけの世代は、今からシャルマーニュ大帝の時代までさかのぼることになる）。この四八世代の終りには、一つの細菌から2^{48}個の子孫が生れていることになる。これは千兆という桁の数である。

自然界には、限りなく多様なバクテリアが存在している。その中には赤痢、結核、肺炎、ジフテリアなどの伝染病の病原菌としてよく知られているものもあるが、これらはごく一部にすぎない。大部分のバクテリアは病原菌ではなく、土や水や泥の中に住んでいて、死んだ有機物質を分解して、それをもとにもどす働きをしている。それによって地球上の生命が長期にわたって保持されているといってもよいくらいである。ショウジョウバエが古典遺伝学を支配したように、一つのバクテリアが分子遺伝学にとってかけがえのない大切なものとなった。それは人間の腸にすむ名誉をもつ大腸菌と呼ばれるバクテリアである。腸の中で何十億という大腸菌がいくつかの生化学反応を静かにおしすすめている。大腸菌はふつうは病原性を持たない。これは分子遺伝学者にはありがたいことであった。さもなければ、この細菌をはびこらせることで、たくさんの死者を出すことにもなりかねなかったであろう。今では、全細胞生物の中で大腸菌が一番詳しく調べられているといってよい。

これほど小さいバクテリアにも特定の寄生体がいる。それはもっと小さい細菌ウイルスで、バクテリアはそのえじきになってしまう。この細菌ウイルスは、第一次世界大戦中にイギリスのF・W・トウォートと、フランスのF・デレルにより発見された。デレルは、これに「バクテリアを食べるもの」という意味でバクテリオファージという名をつけた。当時デレルは、バクテリオファージは細菌感染に対する自然免疫の主な因子であり、治療や予防一般にもっとも有効であろうという考えを発表したので、この発見は医学微生物学界で大きなセンセーションをまきおこした。デレルは、バクテリオファージが赤痢菌をやっつけることを次のように示した。ファージ粒子は最初、赤痢菌の表面に附着し、次に菌の内部に侵入する。そこでファージは増殖してたくさんの子孫を生ずる。この子孫ウイルスは感染菌が破れて死ぬと、外へ出てまた別の菌に感染する。したがって実験室でたくさんの〝抗赤痢菌ファージを培養しておき、赤痢の徴候をみせた患者に与えればよい。患者の体内に入るとファージ粒子は赤痢菌を探し出し、それを食べて増殖するので患者は回復するであろう。バクテリオファージは赤痢菌と同じように人から人へ伝播されるので、ファージによってひきおこされる免疫も、病気と同じように伝染性を持つはずである。恐ろしい病気から、人類を守るための、これまで夢想だにされなかった新しい方法は、一般の人々の想像をもかきたてずにはおかなかった。これはシンクレア・ルイスの小説『アロースミスの生涯』にも描写されている一九二〇年代の医学上の時代思潮の状況であった。この考えは最初はもっともらしくみえたが、悲しいかな、二〇年間の熱心な研究が続けられたにもかかわらず、バクテリオファージは医療的には役立たなかった。その間に抗生物質が発見され、この方がデレルがかれの万能薬に期待していたよりも、細菌性の病気の絶滅にもっともっと有効であったので、医学史上、バクテリオファージによる治療という章は、ここで終ったとみてもよい。

ファージによる伝染病の治療と予防の望みに終止符がうたれたにもかかわらず、幾人かの達見な人々がバクテリオファージは遺伝現象の研究にまたとないすばらしい実験材料になるにちがいないということに気がついた。すでに一九二二年に、H・J・マラーが次のように書いている。「もしデレル小体（すなわちバクテリオファージ）が、ほんとうにわれわれのあつかっている染色体遺伝子と基本的に同じ遺伝子であるなら、バクテリオファージは遺伝子の問題を追求するのにまったく新しい道を開くであろう」。一九三八年にデルブリュックがはじめてバクテリオファージのことを知らされた時も、同じような考えを持った。この時には、このウイルスに対する実利的な興味はすでに衰えていた。デルブリュックは、バクテリオファージの増殖を研究することによって、遺伝学におけるパラドックスがはっきりするのではないかという予想のもとに、実験を始める決心をした。かれは大腸菌を宿主とするバクテリオファージを実験材料として、**一段増殖実験**という方法をまず案出した。この実験により、大腸菌を攻撃するそれぞれ一個のファージ粒子は、たった三〇分ほどの**潜伏期**の後に百から五百の子孫粒子を生ずることがわかった。こうして、この実験によって、生物の増殖の中心問題がはっきり示されることになった。親ファージが百倍もの自己複製を行なっている三〇分の間に、ファージ感染菌の中では一体何がおこっているのであろうか。ウイルス（ファージ）ほどの簡単な構造のものでは、生物の自己複製という問題に答えるのはそれほどむずかしいことではないとデルブリュックは考えた。他の生物と比べてみると、いやその宿主の大腸菌と比べてみてもバクテリオファージは実際非常に簡単なものである。長さはたった〇・〇〇〇〇一センチ位であり（宿主の大腸菌の長さの十分の一）、その重さは約千兆分の一グラムしかない。バクテリオファージは、ただ二つの主成分、タンパク質とデオキシリボ核酸（DNA）をほぼ等量に持っている。バクテリオファージはあまり小さいため、ふつうの光学顕微鏡ではまったくみえないが、一九四〇年に解像力のはるかに大きい電子顕微鏡が出現して以来、直接にみることができるようになった。電子顕微鏡写真により、ファージは頭と尾からできていることがわかった。現在では、尾はタンパク質からなり、頭はタンパク質の袋にDNAがつまったものであることがわかっている。

一九四〇年にデルブリュックはサルバドール・ルリアとアルフレッド・ハーシーに会った。この出会いが「アメリカ・ファージ・グループ」を生み出すこととなった。このグループのメンバーは、一つの共通の目的で結ばれていた。それは約三〇分の潜伏期の間に、ファージ感染菌の中でどのようにして、親ファージと同じタンパク質の尾と、タンパク質の中にDNAのつまっている頭部が百から五百個も複製されてくるのかを解明しようとする目的であった。最初のうちは、このグループは小さかったが、物理学者や化学者の間にバクテリオファージの知識を広める目的で、ニューヨーク市に近いコールド・スプリング・ハーバー研究所で、毎年夏期講習会が開かれるようになってから、急速に大きくなった。それでも、ロマンチック時代の最後の年ともいうべき一九五二年になっても、ファージ・グループはせいぜい四、五〇人にすぎなかった。

このロマンチック時代には、ファージ・グループに属する人も属さない人も、多くの発見をしたが、その中できわだっていたのはデルブリュック、ルリア、ハーシーの三人であった。少なくとも私の考えでは、この三人がロマンチック時代の神聖な目標、すなわち遺伝子の本体の追求に対する前進力を与えたといえる。この時代の主な収穫は、バクテリアやバクテリオファージは形も小さく構造も単純ではあるが、基本的な遺伝現象については、最も複雑な高等生物と同じであるということを示すことができたことである。バクテリオファージやバクテリアの増殖は、遺伝物質の支配を受けており、その遺伝物質は、高等生物の核染色体と形式的にも似た直線的な並び方をしていることも示された。これらの遺伝子は自然に突然変異をおこし、その結果、変ったためずらしい遺伝的変異体、すなわち**突然変異**ファージや**突然変異**菌が現われる。最も重要なことは、ファージもバクテリアも原始的な形で有性生殖を行なうということである。その結果、接合行為にあずかった二つの親個体の両方から遺伝子を受け取った雑種の個体が生ずる。さらにバクテリアとファージは、一つの共通の遺伝系の上に立っており、ファージと宿主菌の直線的な遺伝子配列の間で交叉がおこる。このような宿主と寄生体の間子の一部を持った雑種のバクテリアがつくり出されることがわかった。

の「不当な」接合行為により、バクテリアの遺伝子の一部を持った雑種ファージと、ファージの遺伝

けれども、この時代をふりかえって、大部分の遺伝学者は、ロマンチック時代のもっとも重要な発見は、ファージ・グループとはまったく関係なく、オズワルド・アベリーらによって一九四四年になされたということに同意するであろう。アベリは正常の**供与菌**から抽出した純粋なDNAを、一つの遺伝子だけが変化している突然変異体である**受容菌**に加えると、受容菌の中に遺伝的に供与菌の型に形質転換されるものがでてくることを発見した。正常な供与体の遺伝子は、DNA分子という形で、形質転換された受容菌に入り、そこで相同な突然変異遺伝子と置き換わったにちがいない。したがってバクテリアの遺伝子はDNAでなければならない。いいかえればDNAが**その**遺伝物質であることになる。一九四四年にはこの結論は非常に革命的にみえたので、アベリ自身、できるかぎり厳格な実験で確かめるまでは、この結論を認めたがらなかった。アベリは、ファージ・グループのメンバーでなかっただけでなく――かれの研究室ではバクテリアの形質転換の研究をすでに十年以上もしていた――かれの発見は最初、遺伝子の物理的基礎という問題に没頭していた人々にもほとんど影響を与えなかった。事実、一九五一年になっても、ファージ感染菌の潜伏期のはじめに、ファージ・タンパク質の前駆物質が細胞内に見出されるが、ファージDNAの前駆物質はこの段階では見出されないという理由から、DNAよりはむしろタンパク質が遺伝物質であろうと考えられていたが、それも無理とはいえなかった。ついに一九五二年に、ハーシーとマーサ・チェイスが、八年前のアベリの発見を裏

づけて、タンパク質ではなくDNAが遺伝物質であることを示した。ハーシーとチェイスはバクテリオファージが大腸菌に感染すると、ファージDNAだけが菌内に侵入し、ファージ・タンパク質は外に残されて、菌体内でおこるべき増殖ドラマには関与していないことを示した。したがってファージの遺伝子はファージDNAの中にあると結論される。ファージ・グループによる、DNAが遺伝物質であるということの第二の証明は、遺伝学の考え方に深い衝撃を与えた。

しかし、よく考えてみると、八年も経ってから行なわれたハーシーとチェイスの実験の方が、バクテリアの形質を支配している遺伝物質はDNAであるというアベリーの発見よりも注目されたことは、それほど驚くべきことでもないようである。第一に、バクテリアが遺伝的な生物であるという一般像ができあがったのが、一九四〇年代の終りであること。第二に、もっと重要なのは、一九四四年に知られていたDNAの化学構造から、DNA分子が遺伝情報をになっていることは想像もできなかったことである。当時DNAはアデニン、チミン、グアニン、シトシンという含窒素塩基を持つ四種類のヌクレオチドが、規則的に交互に並んでポリヌクレオチド鎖をつくっているもので、**変化のない**分子であると考えられていた。しかし一九五一年までに、E・シャーガフやその他の核酸化学者達が、この初期の解釈はあやまっており、四種類のヌクレオチドはポリヌクレオチド鎖の中で勝手な順序で配列できるということを示した。ちがった生物からとり出したDNA分子ではヌクレオチドの配列順序がちがっていることがわかってきたので、どのDNA分子も、遺伝情報を四種類のヌクレオチドの配列順序という形で持っていると考えられるようになった。いいかえれば、シュレーディンガーの、

「非周期性結晶」遺伝子がポリヌクレオチド鎖と考えられ、その場合遺伝子暗号として配列順序をつづる異性体因子が四種類のヌクレオチドであることになる。八年もおくれて、遺伝子はDNAであるというアベリーの発見を認めた時に、ファージ・グループの人々は、「実験結果が発表されても、それが理論的な根拠を得るまでは信頼しすぎない方がいい」という物理学者アーサー・エディントンの言葉をひきあいに出した。科学の帰納的研究方法の原理をひっくり返したようなこの規則は、しばしば冗談と考えられているが、これは重大な問題で、発展の先端にある科学の分野での研究者の心理的な動きを如実に描き出しているといえる。百年前にメンデルが示した事実と推論が認められるまでに三五年かかったということは、エディントンの規則のもう一つの例である。一八六五年には、当時細胞の構造や増殖生理の知識から得られていた一般的生物概念と、メンデルの発見を結びつけるものは何も存在しなかった。エディントンの規則を適用する根底には、深い認識にたった理由があり、それは後で科学の将来について考える時に重要になってくる。エディントンは科学者を「物理学者」と「切手収集家」の二つの一般的な基本的タイプにわけていることをここで述べておこう。「物理学者」タイプの科学者にとってはある観察結果と他の結果との間におもしろい関係が見出されないかぎり、その結果はつまらないものであるが、「切手収集家」にとって観察は観察なのである。したがって後に述べるように、科学がある限界以上に発達すると、観察結果間の関係をみきわめて、それを一つのものに総合することが、ますますむずかしくなるので、「物理学者」達はつまらなくなって姿を消してしまい、「切手収集家」だけが残ることになりかねない。

ＤＮＡが遺伝物質であることを認めたことと、遺伝情報が四種類のヌクレオチドの配列順列としてＤＮＡの中に刻み込まれているという考えが生れてくるようになったことが、ロマンチック時代の終りを導いた。というのは、このような知識が得られたことによって、遺伝物質の研究ではパラドックスはみつからないのではないかと考えられるようになったからである。自己増殖の基本的な問題は、いまやファージＤＮＡの「自触作用」と「異触作用」という二つの機能でいいかえられるようになった。自触作用により、ファージＤＮＡはそのヌクレオチドの配列順序を何百回も正確に複写して子孫の遺伝子をつくる。異触作用により、ファージＤＮＡは子孫ファージのからだをつくるための、ファージに特異的なタンパク質の合成を支配する。

ロマンチック時代をふりかえってみると奇妙な事実に気がつく。この時代の実験と、その結果から導びかれた直接の結論とは、ほとんどつねに正しかったが、これらの直接的結論をもとにつくられた一般的な真に興味ある推測は、ほとんど全部まちがっていたということである。ロマンチック時代のきわだった業績は、それが与えた深い洞察というよりは、むしろ、バクテリアやファージの遺伝研究に、いまだかつてなかった水準の実験計画や、演繹的論理、あるいはデータの評価のしかたを導入したことである。遺伝子を、それ以上分割できない、形式的、抽象的な単位であるという「古典的」なわくからとり出して、その微細構造を実験的に調べるには、非常にまれにしかおこらない現象を、系統的に研究しなければならず、そのためには非常に多数の個体を扱わなければならない。したがって、バクテリアやファージのように小さくて増殖力の大きいものだけが実験材料として適している。さらにしばしば、まちがった理論が出されたにもかかわらず、ロマンチック時代は遺伝の中心問題に対する不断の協力的な努力を皆の頭にうえつけてしまった。それによって、次の十年間に問題が解決されることになったのである。

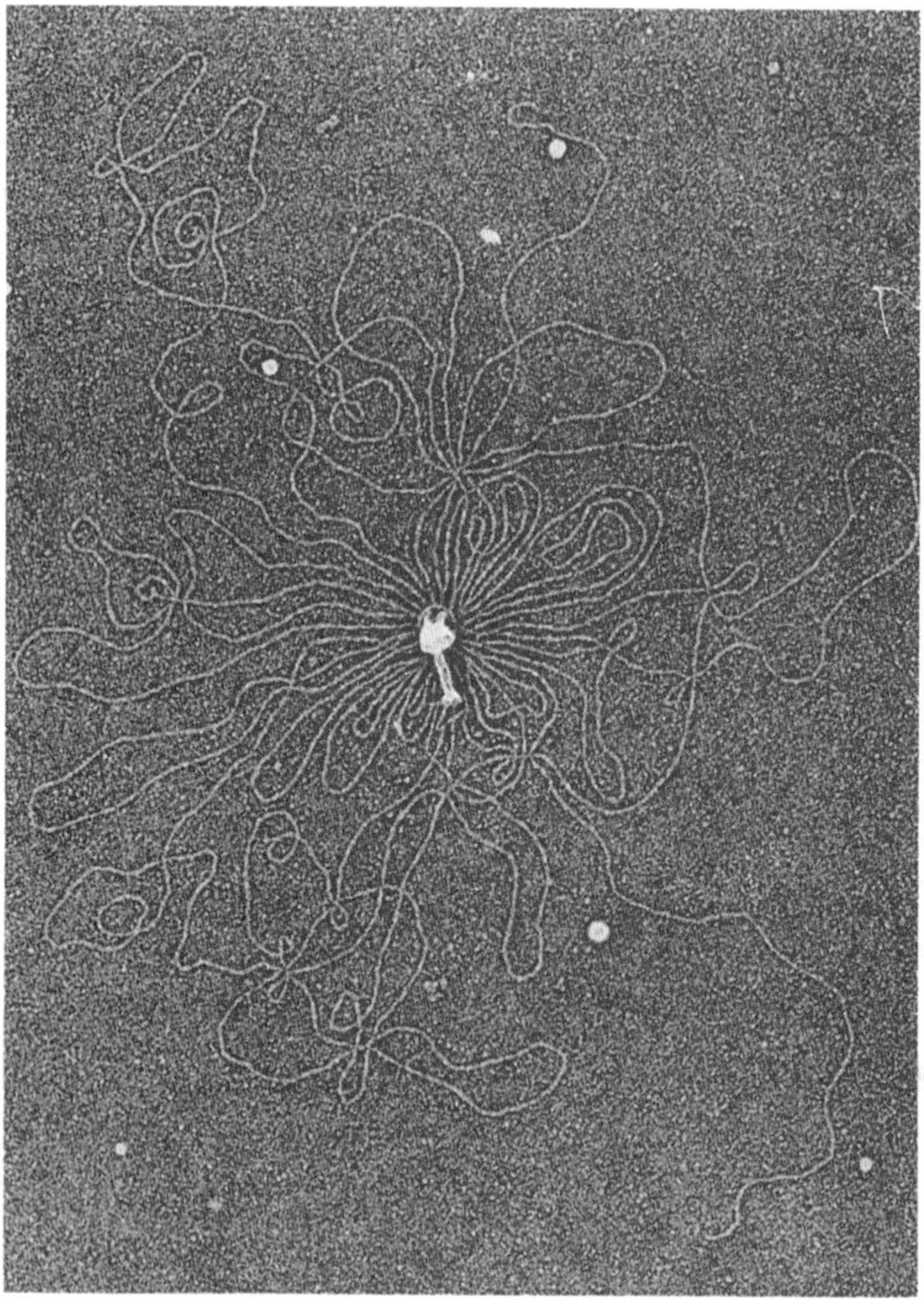

オスモティック・ショック（浸透圧の急激な変化）により，ファージの頭部から放出されたバクテリオファージのDNA分子．中央はファージの「ゴースト」．右下と上部中央にDNA分子の2つの末端が見える（Kleinschmidt, Lang, Jacherts, and Zahn, *Biochemica et Biophysica Acta*, Volume 61, 1962）.

三　ドグマの時代

ロマンチック時代にファージ・グループが生れたのと時を同じくして、まったく異なった物理学者のグループが、生物学を指向した運動をおこしていた。ファージ・グループの目的が、生物学的情報の遺伝的保存に関する物理学的基礎を解明しようとしたのに対し、別のグループの人々は生体分子の三次元構造、すなわち形状に興味を集中していた。この構造分析学者のグループは、W・H・ブラッグとW・L・ブラッグの流れをくむものと考えられ、かれらの前には遺伝学もごく枝葉末節なものであった。ブラッグ親子は一九一二年にX線結晶分析法を考案し、それが結晶学派を生みだし、イギリスを分子構造の本家とするに至った。かれらは次々に複雑な分子の構造決定に成功し、ついに生物学的重要性を持つ、もっと複雑な分子に挑戦しようと考えるようになった。かれらは細胞の生理的機能は、その諸要素の空間的配置を知ることなしには理解できないという考えを抱いていた。この方向の仕事を最初にはじめたブラッグの弟子の中に、W・T・アストベリーとJ・D・バナールがいた。かれらは一九三〇年代の後半に、数千の原子からなるタンパク質や核酸、さらにはウイルスのようにさらに高次の組織体についてまで、構造分析を試みている。この初期の研究活動の状況が、C・P・スノーの最初の小説『探求』の素材を与えたといわれている。

アストベリーは、生命現象を理解するためにかれのとった方法を表わすのに、**分子生物学**という言葉をつくり出した。それから十年間、アストベリーはこの言葉を一生懸命に宣伝したが、なかなか一般には受け入れられなかった。たとえばロマンチック時代には、ファージ・グループの人々はだれも自分達のことを「分子生物学者」とは呼ばなかった。ちょうど構造分析学者にとっては遺伝学がつまらないものであったように、ファージ・グループの人々にとっては構造分析はたいしたことでないと思われたからである。事実、ファージ・グループは、その活動を表わす名前を持って**いなかった**。「生物物理学者」というのが自然であったかもしれないが、かれらはそれをいやがった。というのは、前に引用したデルブリュックの一九四九年の「一物理学者の見た生物学」という講演からも明らかなように、かれらは**この**言葉が〝誤用〟されていると考えていた。というのはファージ・グループの人々は、当時二つの種類の人々が、自分達を「生物物理学者」と呼びたがっている、と思っていたからである。一つは自分で電子装置を修繕できる生理学者、もう一つは生物学者に自分達が一流であることを納得させようとする二流の物理学者達であった。ロマンチック時代の先達とその弟子達が、ムシュー・ジュルダンのように、かれらがずっとやってきたことが、分子生物学にほかならないのだということに突然気がついたのは、構造的分析と遺伝的分析の両者が、これから述べる発展によって合流し

タンパク質を構成している20種類のアミノ酸

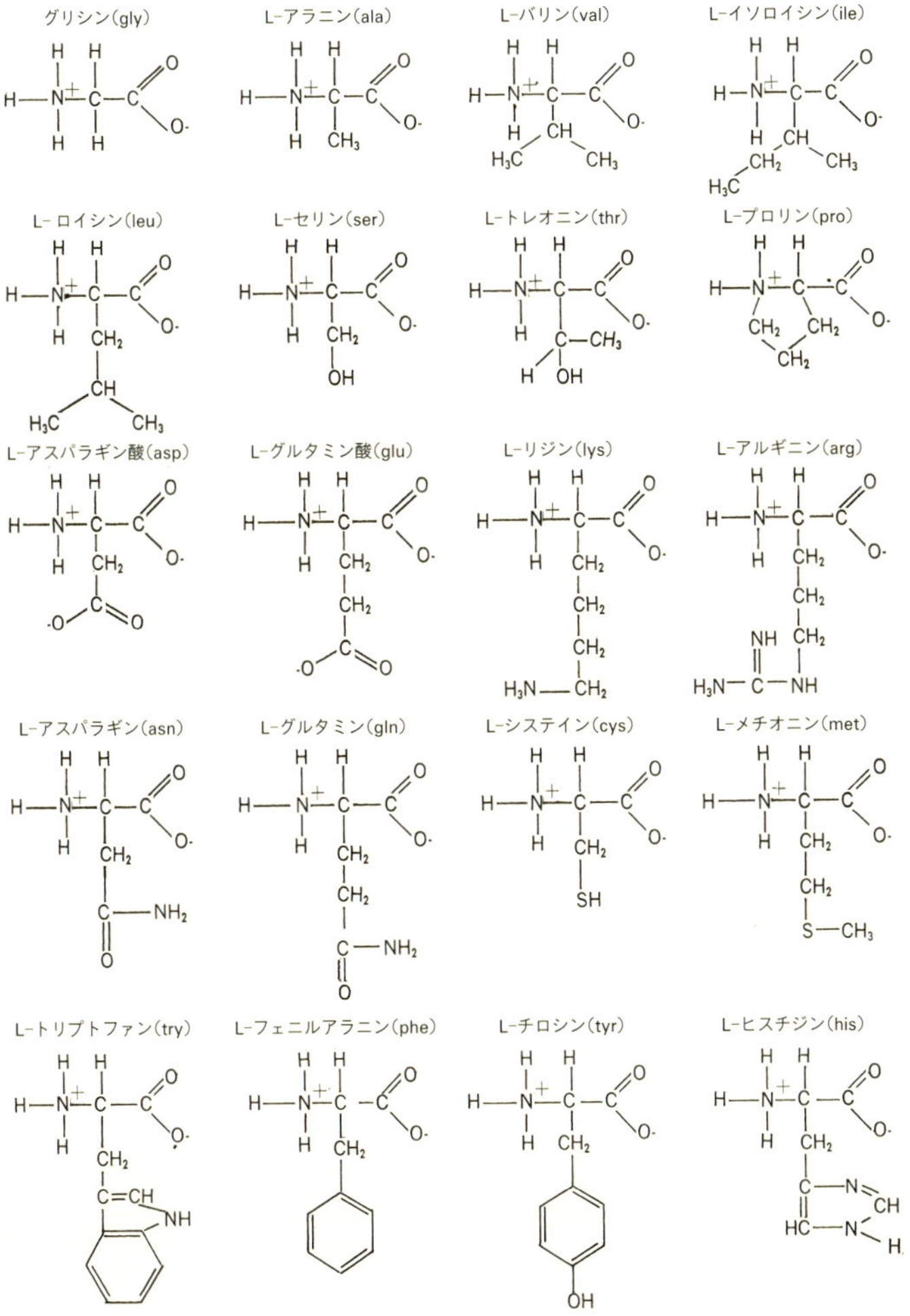

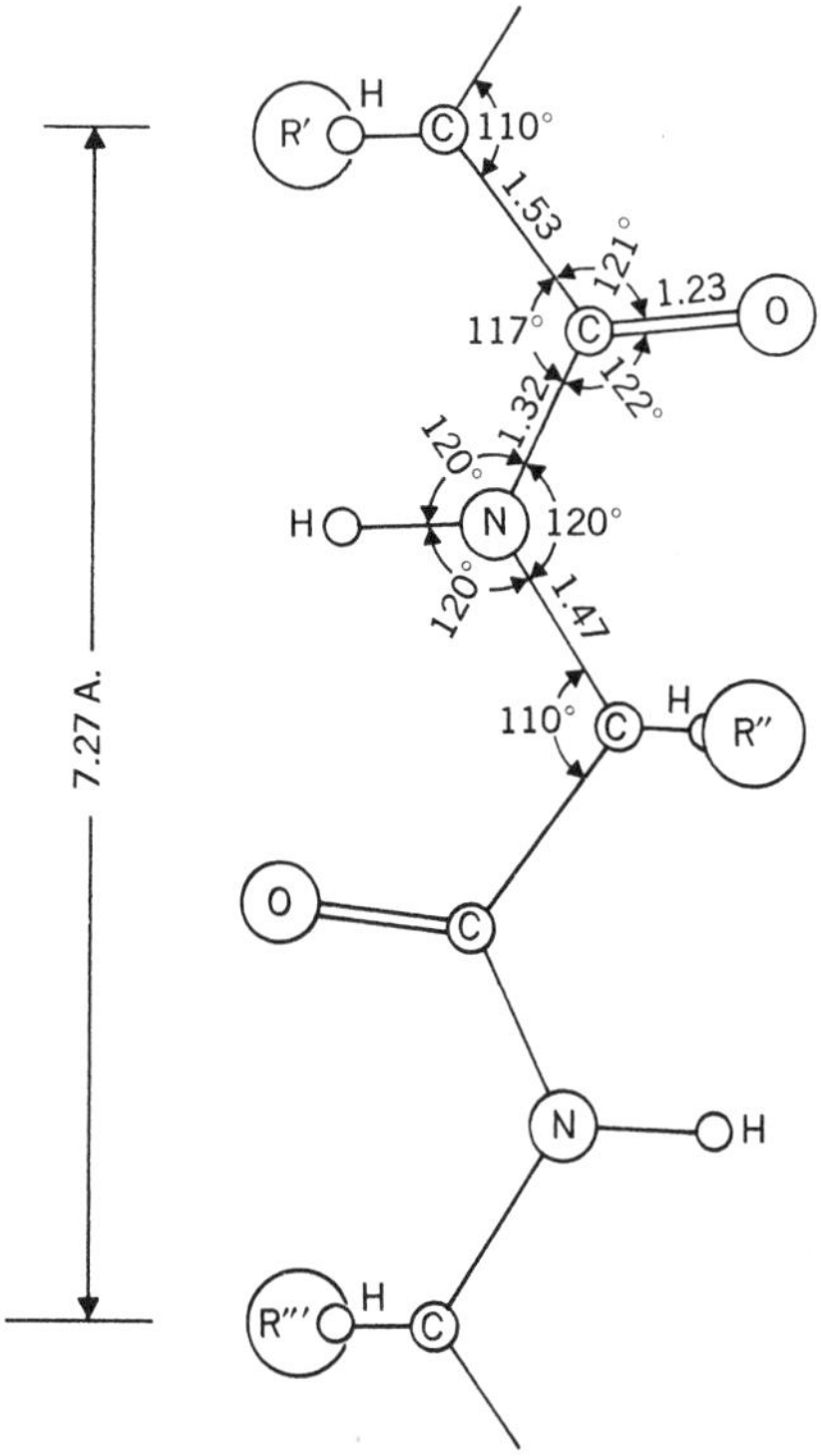

ペプチド結合の構造．円で表わした側鎖R′，R″，R‴をもつ３つのアミノ酸を結びつけている２つのペプチド結合が示されている．

てからのことであった。この方向の仕事に何かよい名前をつけたいという緊張の必要性については、後にフランシス・クリックが次のように述べている。「詮索好きの牧師に、何をやっている人かときかれた時、私は結晶解析学者と生物物理学者と生化学者と遺伝学者をつきまぜたようなものだといくら説明しても、わからないので、けっきょく自分は分子生物学者だというようになってしまった」。

アストベリー、バナール、その他のイギリスの構造学派の人々の初期の仕事は、大きな発展のための基礎を築くことになった。しかし、構造分子生物学で最初の大きな勝利をおさめたのは、イギリス学派の人間ではなく、アメリカのカリフォルニアのライナス・ポーリングであった。彼は一九五一年にタンパク分子の基本構造を発見した。

タンパク質は、簡単にいうと、長い鎖状の分子で、二〇種類の異なったアミノ酸が連なったものである。これらのアミノ酸は**ペプチド結合**と呼ばれる化学結合で結ばれており、このようなアミノ酸の鎖を**ポリペプチド**と呼ぶ。生細胞の中のポリペプチド鎖の長さはいろいろであるが、平均して約三百個のアミノ酸がつながったものである。ポーリングは、ポリペプチド鎖の空間配置、すなわち大きなタンパク分子の骨格の形を決める仕事に手をつけた。かれは、ポリペプチドの骨格がつくることのできるらせん形の数はかぎられていることを見出し、その一つであるα-らせんがタンパク分子の構造を決定する上に重要な役割を持つことを予言し、それが正しいことがすぐに実証された。ポーリングの成功は、伝統的結晶学者達のように真正直に解析的方法を用いるかわりに、推測から分子モデルを

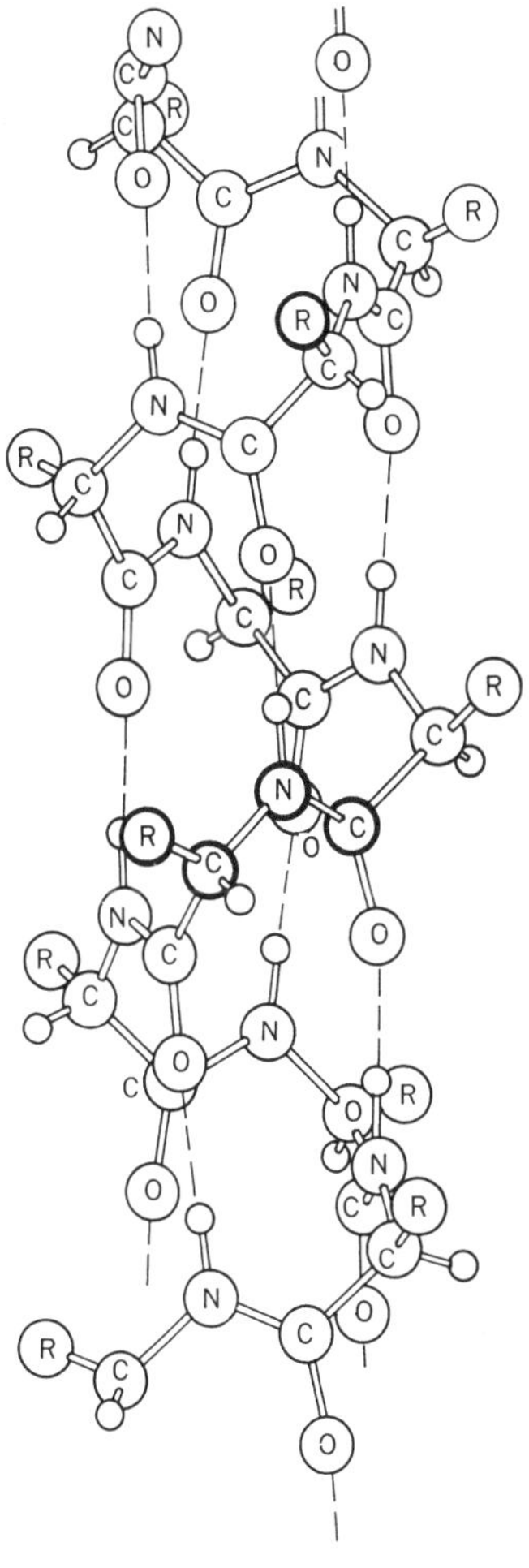

ポーリングのたんぱく質のα-らせん構造．11個のアミノ酸を結びつけているポリペプチド鎖の三次元構造を示している．それぞれのアミノ酸の側鎖はRで表わし，水素結合は破線で示す．

組み立て検討するという独自の構造決定法を用いたことに、負うところが大きい。ポーリングはこれより数年前に、ペプチド結合の正確な空間的配置がわかれば、ポリペプチド鎖の構造が推測できるはずだと考えた。そして簡単な分子のペプチド結合の構造を、X線結晶解析によって決定することに専念していた。これらの結合に関する詳しい構造上の知識がわかって始めてポーリングは第一原理からα－らせんの構造を決定することができた。α－らせんの発見は大きな勝利ではあったが、それからただちに、タンパク質がどのように働き、どのようにつくられるのかということについての新しい考えがでてくるようなものではなかった。それは、ポーリングの用いた構造解析の方法で非常に複雑なものまでわかることは示してくれたが、新しい実験を生み出したり、新しい想像をかきたてたりしたとは思われない。

一方、イギリスのケンブリッジのW・L・ブラッグの研究所では、マックス・ペルツとジョン・C・ケンドリューが、ヘモグロビンとミオグロビンという二つの呼吸に関係するタンパク質の構造を研究していた。当時は実験手段もあまりなかったので、かれらが始めた仕事はあまりにも複雑でむずかしく、なかなか進まなかった。ポーリングの輝かしい成功は、ケンブリッジの分子生物学者に少なからぬショックを与えたといわれているが、それでもかれらは依然として自分達の仕事を続けた。それから十年も苦労した後、タンパク質の構造決定の新しい解析法を用いることや、X線写真の数学的解析のため有力なコンピューターを使って、ペルツとケンドリュウはこれらのタンパク質の完全な三次元構造を決定することができた。この場合、二つの巨大分子のポリペプチド鎖の空間配置だけではなく、数千の原子の一つ一つの位置も決定された。そしてこれらのポリペプチドの骨格の中で、ポーリングのα－らせん構造をとっているのはほんの一部分にすぎないこともわかった。

当時、ファージ・グループの若いメンバーで、ルリアの弟子であったジェイムズ・ワトソンは、一九五一年にポーリングがタンパク質分子の基本構造の決定に成功したことに刺激されて、それまで行なっていたバクテリオファージの増殖に関する遺伝学的・生理学的な研究をやめる決心をした。ワトソンは、当時ハーシーとチェイスが遺伝情報の荷い手であることを明らかにしたばかりのDNA分子の基本構造を解明しようと決心した。ワトソンはX線結晶解析の技術を学ぶためにケンブリッジのブラッグ研究室のケンドリューの所にいった。そこでワトソンは、DNAの三次元構造が遺伝子の性質を知るうえに重要な鍵をにぎっていると考えていたクリックと出会った。ワトソンとクリックは共同して、一九五三年の春にDNAは二つのポリヌクレオチド鎖がからまっている二重らせん構造を持つことを発見した。DNAを構成している二本のポリヌクレオチド鎖はおたがいに相補的な関係にあり、一方の鎖のアデニンヌクレオチドに他方の鎖のチミンヌクレオチドが対応し、ダアニンが一方にあればそれと対応して他方の鎖にはかならずシトシンがあるという具合である。この相補関係の特異性は、二重らせんの各段で二つの対応するヌクレオチドすなわち、アデニンとチミンまたはグアニンとシトシンの間に水素結合がつくられるために生じてくる。

一見、ワトソンとクリックの発見したDNAの相補的な鎖からなる二重らせん構造は、その二年前に発見されたポーリングのα－らせん構造と似ている。特にα－らせんの場合にも特異的な水素結合の形成が重要な役割を果たしているという点である。けれども、よく見ると、DNA二重らせん構造がわかったということは、質的に異なった意義を持っていた。第一に、二重らせん構造を考え出すにあたって、ワトソンとクリックは、二本のポリヌクレオチド鎖上の任意なヌクレオチド配列が遺伝情報を与えるという条件が、DNA構造の厳密な規則性によって満足されるように、分子構造に遺伝学的意味づけを始めて与えたことである。第二に、タンパク質のα-らせんとはちがって、DNA二重らせんの発見は、無限の想像の可能性を開いた。その結果、遺伝物質がどのように働いているかということを理解するための道が開けた。

分子構造的考察と遺伝学的考察との輝かしい融合が、DNA二重らせんという形で具体化されたことにより、遺伝学研究の次の時代、すなわち**ドグマの時代**が生れてきた。それは一九五三年から一九六三年頃まで続いた。ロマンチック時代の終りには数十人であった分子生物学者の数が、その十年間の終りには数百人になった。ドグマの時代では、ワトソンとクリックという二人の人間が、明らかに中心人物であった。かれらは分子遺伝学の**セントラル・ドグマ**を定式化した責任者であり、これがその後、遺伝子の本性に関する研究の進むべき道をさし示すこととなった。ドグマ時代の時代精神がロマンチック時代の精神とはっきり異なっているのは、このセントラル・ドグマが存在したためである。ロマンチック時代には、わけのわからないものを手探りしているにすぎなかったが、ドグマ時代では、セントラル・ドグマを検証し細かい点をはっきりさせることに焦点がしぼられた。パラドックスを見つけようとするロマンチック時代からの生き残りの学者達に残された唯一の希望は、セントラル・ドグマがもしかしたらまちがっているのではないかということだけであった。

セントラル・ドグマは、ロマンチック時代の終りに注目されるようになったＤＮＡの二つの基本的機能すなわち「自触作用」と「異触作用」、という二つの作用の機構を非常にうまく説明することができる。簡単に要約すると、自触作用は、ＤＮＡ分子が直接鋳型としてＤＮＡの複製をつくる一段階的反応である。一方、異触作用は、もう一つの核酸であるＲＮＡが関与する二段階的反応であり、最

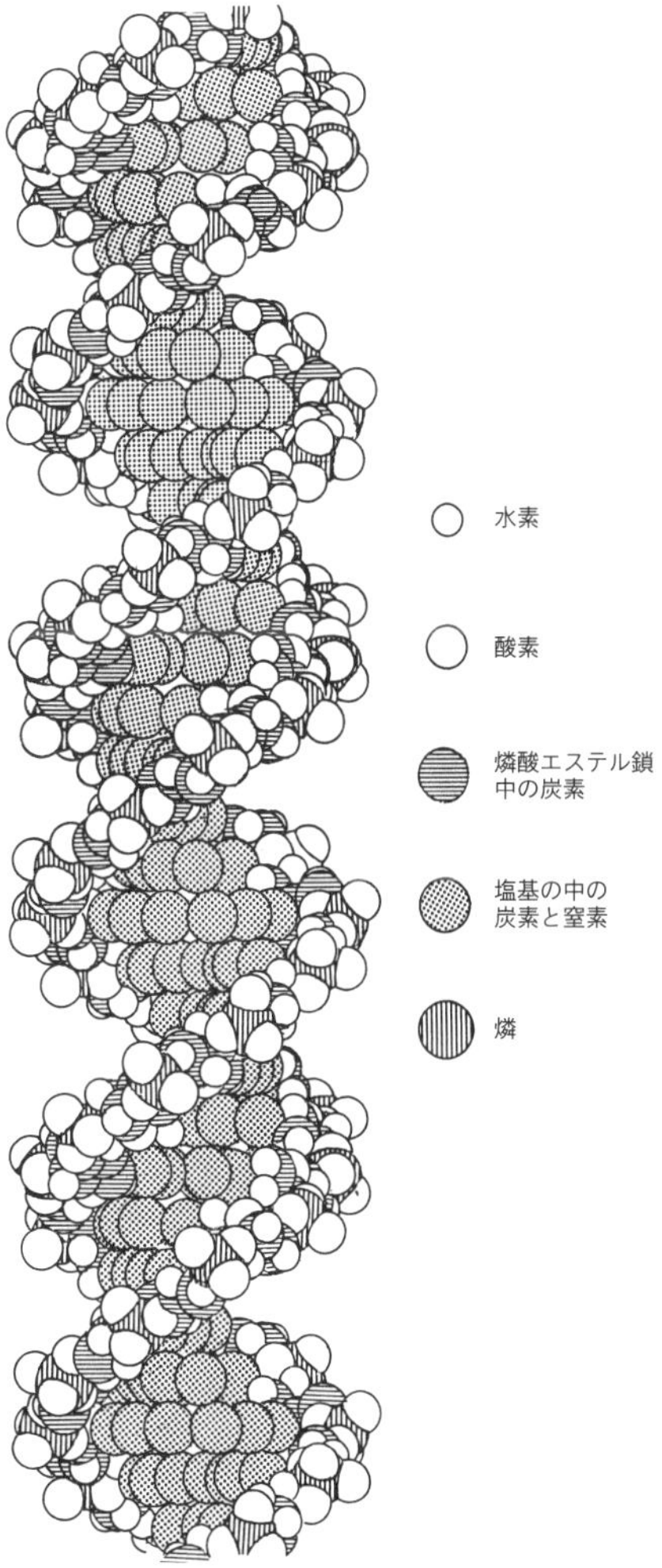

DNA のワトソンとクリックの二重らせん構造の立体模型（G. S. Stent, *Molecular Biology of Bacterial Viruses*, W. H. Freeman & Company, San Francisco, 1963）.

初の段階でDNA分子はRNAポリヌクレオチド合成の鋳型として働き、DNA鎖中のヌクレオチドの配列順序がRNA鎖に**転写**される。第二の段階では、さらにRNA鎖が細胞のタンパク質合成装置によって一定の構造を持ったポリペプチド鎖に**翻訳**される。セントラル・ドグマの基本的な考え方は、情報はDNA→RNA→タンパク質という一方的な流れであり、逆流は決しておこらないとすることである。

DNAの異触作用は、もう一つの付随するドグマにもとづいて予想されたが、当時、これを証拠づけるものは何もなかった。この付随的ドグマ、すなわち〝線型情報の仮説〟は、一つのタンパク分子の空間配置したがってそれにもとづく生物学的作用の特異性は、ポリペプチド鎖を構成している二〇種類のアミノ酸の特定の直線的な配列順序によって一義的に決められるということである。したがって、一つの遺伝子に対応するDNAのある部分を構成している四種類のヌクレオチドの特定の直線的配列順序の持つ「意味」というのは、あるポリペプチド鎖のアミノ酸の直線的配列順序を規定することにほかならない。

自触作用に関するかぎり、ワトソンとクリックは親DNA分子のたがいにからまり合った二本の相補的な鎖が二つにわかれたうえで、複製がおこるのだといっている。わかれた二本の親DNA鎖の各ヌクレオチドは、それと相補的な遊離のヌクレオチドをひきつけ整列させることにより、それぞれの鎖を鋳型としてそれと相補的な新しい娘DNA鎖が合成される。したがって、ロマンチック時代の示導動機であったバクテリオファージの増殖の場合には、感染した親ファージのDNAはほどけては相

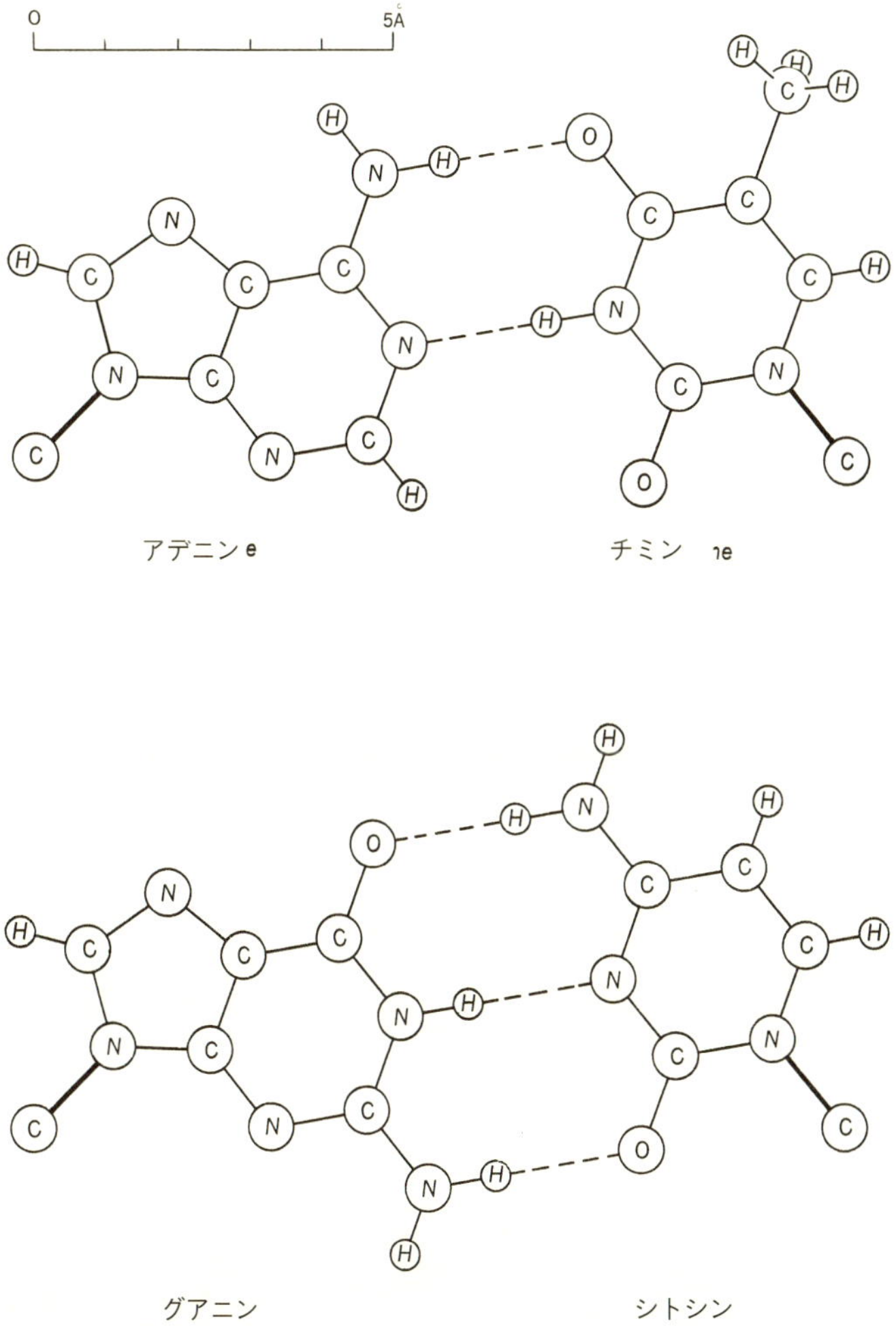

二重らせん DNA 分子中の，アデニンとチミン，グアニンとシトシンの相補的塩基対．水素結合は破線で示す．それぞれの塩基が結合しているデオキシリボースの炭素原子も示してある（G. S. Stent, *Molecular Biology of Bacterial Viruses*, W. H. Freeman & Company, San Francisco, 1963）．

補的なヌクレオチドがくっつくという過程を何回もくりかえし行なうことになる。このようにして感染菌内に親ファージDNAと同一のヌクレオチド配列を持った多くのファージDNA分子の複製のプールができる。このプールが子孫ファージ遺伝子を供給することになる。セントラル・ドグマの観点から見ると、遺伝子突然変異は、このような鋳型を複写する過程でまれにおこる誤りであり、その結果、親のDNAヌクレオチド配列とはちがうものができあがってしまうことである。DNAの一部にこのようなまちがいがおこれば、それを含む遺伝子に記されている遺伝情報に変化がおこることは明らかである。自触作用についてのこれらの考え方が、本質的に正しいことが証明されるには約五年かかった。なかでも、一九五三年に発見された、DNA分子の複製の場合に、親の二重らせんDNAの原子は**半保存的**に子孫DNAに分布するという証明は重要である。すなわち、ワトソンとクリックとが仮定したように、複製されたDNA分子は、それぞれ親に由来する一本のポリヌクレオチド鎖と、一本の**新しく**合成されたポリヌクレオチド鎖を持っているということである。

最初から自触作用よりは複雑でやっかいなことが予想されていた異触作用について、くわしいことがわかるには、さらに何年かの年月と多くの努力とが必要であった。古典遺伝学においては、遺伝子概念は機能と突然変異と交叉の遺伝的単位として考えられていたが、それをまず変えなければならないことがわかった。この改革はシーモア・ベンザーによって行なわれた。かれはバクテリオファージの一つの遺伝子の**微細構造**を研究した。この仕事で、ベンザーは一つのバクテリアを二つの遺伝学的に異なったファージで混合感染したときにでてくる雑種の子ウイルスを遺伝学的に調べあげた。ベン

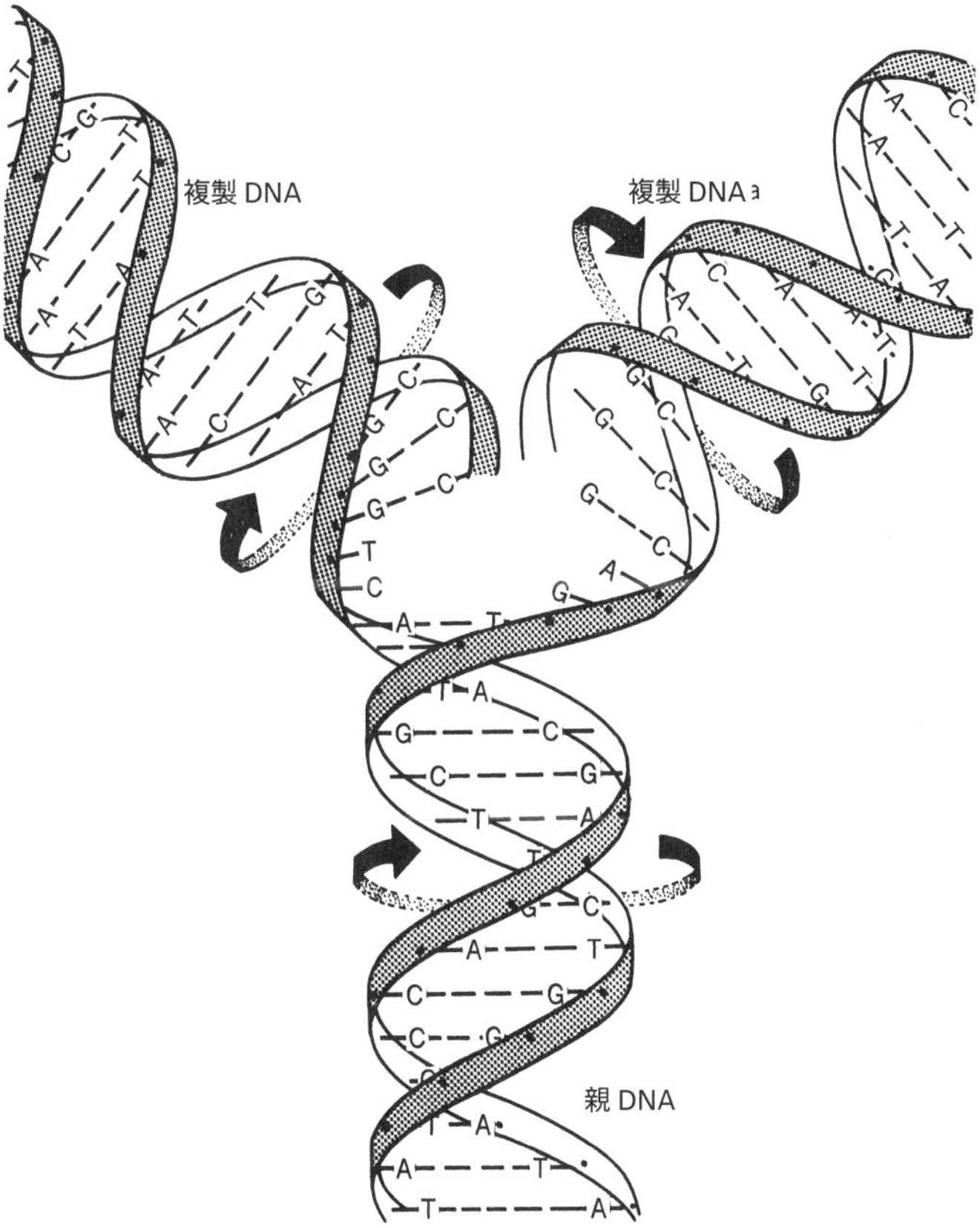

ワトソンとクリックによるDNA二重らせんの複製モデル（G. S. Stent, *Molecular Biology of Bacterial Viruses*, W. H. Freeman & Company, San Francisco, 1963）.

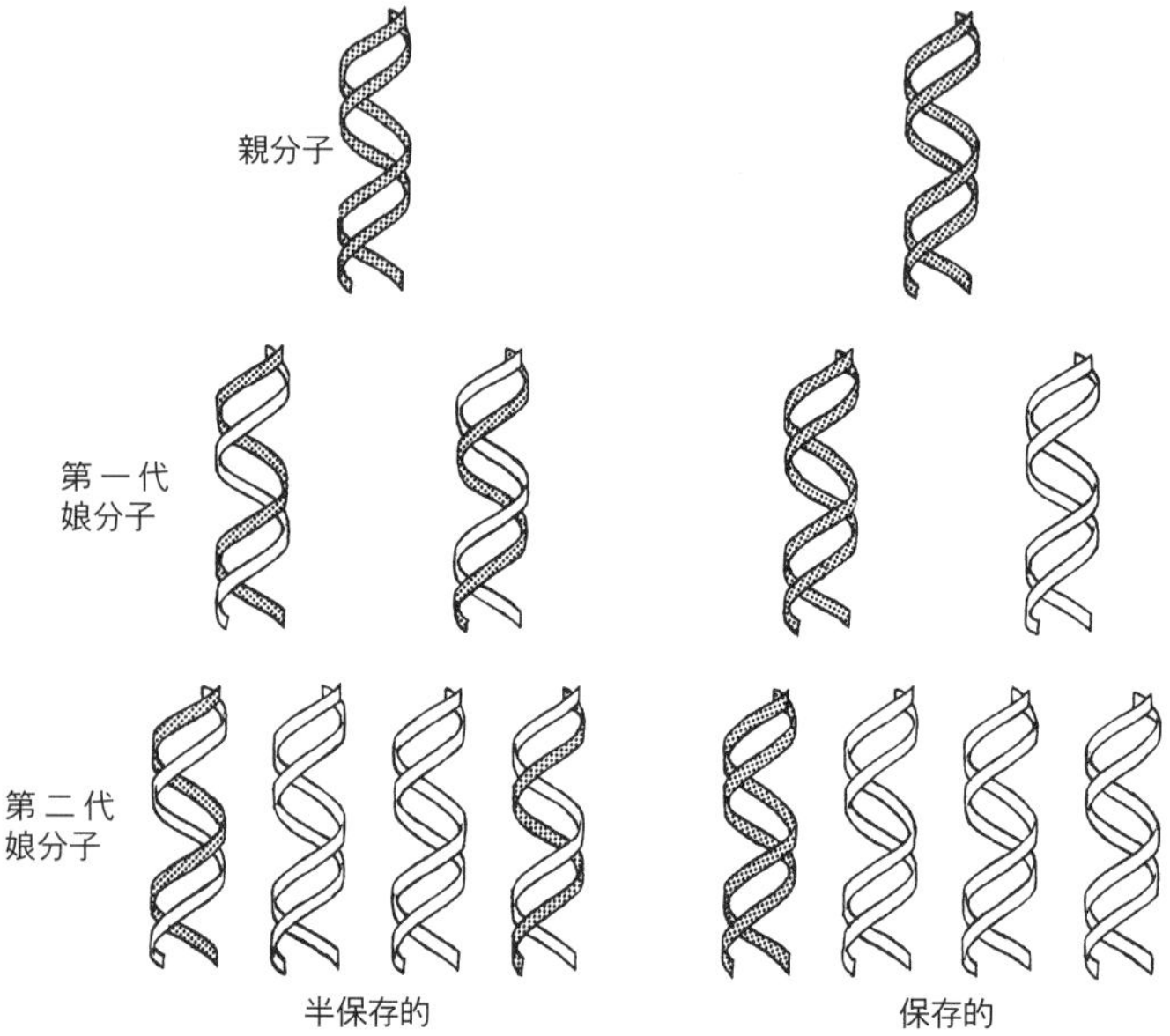

DNA 複製に関する 2 つの可能性．半保存的複製と保存的複製における親ポリヌクレオチド鎖の分布（G. S. Stent, *Molecular Biology of Bacterial Viruses*, W. H. Freeman & Company, San Francisco, 1963）.

ザーの方法の新しい点は、用いた二種類の親ファージが**同一の**遺伝子の中にそれぞれちがった突然変異をおこしているものを用いたことである。この遺伝的かけ合わせによって生じてくる子孫ファージの中から、かれは**突然変異体でない**組み換え体を探した。すなわち、今問題にしている遺伝子の**内部で**起こった交叉の結果生じたDNA鎖を持つファージを探したのである。もし二つの突然変異部位の**間で**交叉が起こったなら、二つの新しいタイプの子ファージが出てくるはずである。その一つは二種類の親ファージの持っていた突然変異を二つとも引続き持っている二重突然変異体であり、もう一つはどちらの突然変異も受け継いでいないような非突然変異体である。非常に接近した二つの遺伝的部位での交叉はおこりにくいので、ベンザーが探したタイプの組み換え体は非常に数が少なかった。けれどもこのような組み換え体が、百万個のファージ中に一個しかなくても、バクテリオファージの遺伝学の技術では、それをみつけることが可能であった。これは、ショウジョウバエを実験材料に使ったのでは、到底不可能だったであろう。この方法を用いてベンザーは、古典遺伝学でいうような、同時に機能と突然変異と交叉の単位であるような遺伝子は存在しないことを示した。交叉の単位はDNA分子の中の一個のヌクレオチドである。すなわち二本の親ポリヌクレオチド鎖中のとなりのヌクレオチドは、交叉の際には二つの遺伝的部位として区別される。突然変異の単位は、一つのヌクレオチドの場合もあるし（「点」突然変異）、数百、数千のヌクレオチドの場合もある（「欠失」突然変異の場合）。機能の単位は千個のオーダーのヌクレオチドから成り立っている。ベンザーは機能の単位に〝シストロン〟という名前をつけた。これは特定のポリペプチド鎖のアミノ酸の配列順序を規定する、四種類のヌクレオチドの特定の配列順序を持っているDNA部分に相当する。ビードルとテータムによってロマンチック時代の黎明期に発表された「一遺伝子－一酵素」説は、ここでふたたび新しい衣裳をつけて「一シストロン－一ポリペプチド」説として再登場した。

セントラル・ドグマと、それに付属する「線型情報の仮説」とは、DNAポリヌクレオチド鎖中のヌクレオチド配列と、それに対応するポリペプチド鎖中のアミノ酸配列を関係づける**遺伝暗号**があるはずだという信念を導いた。さらに、簡単な考察から、ポリペプチド鎖中のそれぞれのアミノ酸を指定する遺伝暗号は、DNA中の少なくとも三つつながったヌクレオチドであるにちがいないことがわかった。四種類のヌクレオチドから、同時に三つずつとり出すと、4×4×4＝64通りの暗号がつくれることになる。この暗号を〝コドン〟と呼ぶ。この場合、タンパク質を構成している二〇種類のアミノ酸の一つ一つに対応して、少なくとも一つのコドンを割り当てることが可能になる。アミノ酸の種類よりコドンの種類の方が多いから、一つのアミノ酸を意味するコドンが一個以上ある場合も考えられる。このような遺伝暗号に対する演繹的な推測はドグマ時代の誕生直後から行なわれ始め、一九五四年に物理学者であり宇宙学者であったジョージ・ガモフによって最初に印刷物として発表されている。しかし、遺伝情報が四文字のアルファベットからなる言葉で、実際にDNAポリヌクレオチド鎖中のヌクレオチドが三つずつ読みとられてポリペプチドに翻訳されるということが証明されたのは一九六一年になってからであった。この証明は、かつて新しい遺伝子概念を築きあげる時にベンザーの使ったのと同じバクテリオファージのシストロンを用いて、まったく遺伝学的方法でクリックらによって行なわれた。遺伝暗号が解読され始めたのも偶然この年であった。

異触作用の遺伝情報に関する原理が形式的にでも示されたのはたいへん結構なことである。しかし、実際に分子レベルで異触作用を理解するためには、セントラル・ドグマにしたがった転写と翻訳のための機材の入っているブラック・ボックスを生化学的方法で開く必要があった。生化学的方法を用いて最初にわかったことの一つは、**リボゾーム**が細胞のタンパク質合成の場であるということであった。リボゾームはすべての生細胞の中に莫大な数存在する小顆粒である（一つの大腸菌には約一万五千個のリボゾームがある）。リボゾームは三分の一がタンパク質、三分の二がRNAから構成されている。しかし、シストロンに刻み込まれている特定のアミノ酸配列に関する情報がどのようにしてポリペプチドを合成するリボゾームに伝えられるのであろうか？　この疑問に答えるため、一九六一年にフランソワ・ジャコブとジャック・モノーによって次のような考えが提出された。セントラル・ドグマによると、シストロン中のヌクレオチド配列は、まずRNAに転写される。これが**メッセンジャーRNA**分子である。このメッセンジャーRNAが**リボゾーム**と結合し、その表面でRNAヌクレオチドの配列が、ポリペプチド中のアミノ酸配列に、コドン単位で翻訳される。この翻訳の過程で、メッセンジャーRNA鎖は、ちょうどテープがテープレコーダーのヘッドを通るように、リボゾームを走り抜ける。一つのメッセンジャーRNA分子の終りの部分が、まだ、あるリボゾームを走り抜け切らないうちに、その先端は別のリボゾームにくっつくというように、一つのメッセンジャーRNA分子は同時にいくつものリボゾームに働くことができる。メッセンジャーRNAがリボゾームを走り抜けている間に、どういうやり方でアミノ酸があらかじめ定められた配列通りに結合していくかということは、メッセンジャーRNAの概念ができあがらない以前の一九五八年頃にクリックによりすでに考えられていた。クリックはいつものように、ここでも二〇種類のアミノ酸がRNA鋳型上のヌクレオチドの三連文字と直接的に作用することはありそうもないと考えた。かれは**ヌクレオチド・アダプター**という考えを出した。ポリペプチド鎖に組み込まれる前に、それぞれのアミノ酸はまずこのアダプターと結合する。アダプターは、それぞれのアダプターに結合する特定のアミノ酸に対応するコドンであるヌクレオチドの三連文字に（ワトソン－クリックのヌクレオチド対という意味で）相補的なヌクレオチド三連文字、すなわち**アンチコドン**、を持っている。したがってアダプターのアンチコドン・ヌクレオチドは、メッセンジャーRNA上のそれと相補的なコドンとの間に、特異的な水素結合をつくり、その結果、アダプターによって運ばれたアミノ酸を、リボゾーム表面上で前もって定められた順序に並べることができる。アダプター仮説ができる前後に、生化学者達は一連の反応と酵素をみつけだしていたが、それは調べれば調べるほど、この演繹的な仮定と一致していた。第一に小さな特殊のRNA分子、**転移RNA**が発見された。このRNAは約八〇個のヌクレオチドから成り立っている。それぞれの細胞には、数十種類の転移RNAが含まれており、それぞれ特定の転移RNAはただ一種類のアミノ酸とだけ結合することができる。この転移RNAは、それと結合する特定のアミノ酸を指定するメッセンジャーRNA上のコドンと相補的なアンチコドンであるヌクレオチドの三連文字を含んでいるので、クリックの考えたアダプターと同じものであることがわかった。第二に一連の**アミノ酸活性化酵素**が発見された。それぞれの酵素は特定のアミノ酸とそれに対応する転移RNA分子との結合を触媒する。したがって、それぞれのアミノ酸をそれぞれ適当な転移RNA（その動きを通してアミノ酸はポリペプチド形成の時に正しい位置を知ることができる）に結合させる一連の活性化酵素は、遺伝暗号を「知っている」細胞内機関であり、「**遺伝の辞書**」といってもよい。

実際の暗号解読は、当時無名の若い生化学者であったマーシャル・ニーレンバーグの発見によって始められた。一九六一年の春にニーレンバーグは、アミノ酸をポリペプチドにする反応を行なう「無細胞系」をつくることに努力していた。この系には、大腸菌からとり出したリボゾーム、転移RNA、アミノ酸活性化酵素が含まれている。タンパク合成に必要な細胞内構成物を試験管内にとり出したのは決してニーレンバーグが最初というわけではないが、かれの系はそれまでのものと比べて一つの非常に重要な長所を持っていた。この反応系では、ポリペプチドの合成は、メッセンジャーRNAの添加によって左右される。そこでこの系に勝手なメッセンジャーRNAを加えてそれに特定のポリペプチドを試験管内で合成させることができる。天然のメッセンジャーRNAは四種のヌクレオチドを含むが、ニーレンバーグは、ウラシル**だけ**を含む人工的な**単一**のRNAを加えてみた。結果は劇的であった。人工的の単一なメッセンジャーRNAを加えると、試験管内で合成されるポリペプチドも、ただ一種類のアミノ酸、フェニルアラニンの連なった単一のものであった。この結果の意味することはただ一つ、すなわち、ウラシル–ウラシル–ウラシルという三連文字の遺伝暗号は、フェニルアラニンというアミノ酸を指定するということである。ニーレンバーグはこの結果を、一九六一年の八月のモスクワで開かれた国際生化学会議で発表し、センセーションを巻きおこした（クリックはのちにその時のことを、「電撃的なショックを受けた」と書いている）。このようにして組成のわかったいろいろな人工のメッセンジャーRNAをこの系に加えて、その効果を調べていけば、まったく化学的な方法で一挙に遺伝暗号を解読することができるはずである。この発表によって、「U_3事件による暗号戦争」とも呼ばれる暗号解読競争が始まり、一九六三年までに六四のコドンのほとんどが解読されるか、あるいは解読の見通しがつけられる結果となった。

DNAの自触作用（複製）と異触作用（転写と翻訳）．左，DNA二重らせんはワトソン－クリックのモデルにしたがって，半保存的に複製される．中央上，DNAのヌクレオチド配列がメッセンジャーRNA（m-RNA）に転写される．m-RNA分子はリボゾームと結びつく．リボゾームは2つのサブユニットからなっており，小さい方は30S，大きい方は50Sと呼ばれている．2つのサブユニットが一緒になって70Sの完全なリボゾームとなる．右，1つのm-RNA分子の上に並んでいるいくつかのリボゾーム（ポリゾーム）のそれぞれがm-RNAのヌクレオチド配列をポリペプチド鎖に翻訳している．リボゾームが1つの遺伝子に相当するヌクレオチド配列を全部翻訳しおわると，完成したポリペプチド鎖がはずれ，リボゾームはまた別のm-RNAと結合する．

下，ポリペプチド形成の過程．できかけのポリペプチド鎖（ここでは2つのアミノ酸だけからなる）は，最後のアミノ酸の所で，その転移RNA（t-RNA）分子と結合している．このt-RNA分子は50Sリボゾームと位置IIで結合している．できかけのポリペプチド鎖に次に結合するアミノ酸は，50Sリボゾームの位置Iに面しているm-RNAのヌクレオチド三連文字コドンによって決定される．位置Iには，m-RNAのコドンにちょうど対応するアンチコドンを持ったt-RNA分子しかはまることができない．このt-RNA分子には，活性化酵素の働きによってそれに特異的なアミノ酸が結合している．t-RNAが位置Iに入ると，それに結合しているアミノ酸は，できかけのポリペプチド鎖の最後のアミノ酸の隣りに並ぶことになり，次のペプチド結合が形成される．このようにしてペプチドがアミノ酸1つだけ長くなると，m-RNAとt-RNAはリボゾームの上を右から左に動き，できかけのポリペプチド鎖と結合しているt-RNAを位置Iから位置IIに動かし，位置Iには次のコドンがあらわれる（H. K. Das, A. Goldstein, and L. C. Kanner, *Molecular Pharmacology*, Vol. 2, pp. 158–170, 1966）．

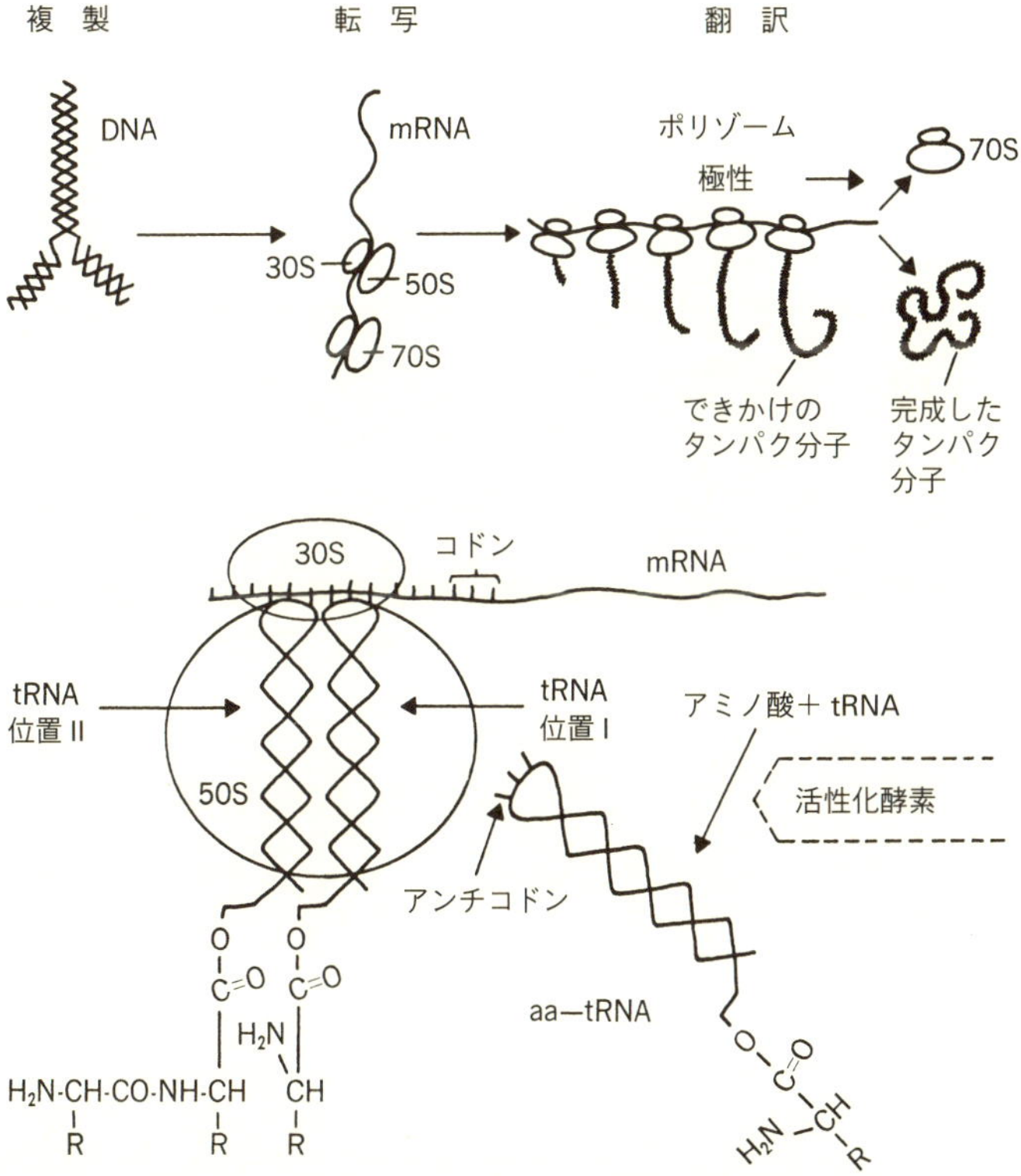
複　製
転　写
翻　訳
DNA
mRNA
30S
50S
70S
ポリゾーム
極性
70S
できかけの
タンパク分子
完成した
タンパク
分子
30S
コドン
mRNA
tRNA
位置 II
tRNA
位置 I
アミノ酸＋ tRNA
50S
活性化酵素
アンチコドン
aa—tRNA
H2N-CH-CO-NH-CH
R
R
CH
R
H2N
C=O
O
C=O
O
O
C=O
CH
H2N
R

今まで述べてきた研究によって、異触作用の**質的な**面、すなわちDNAにになわれているヌクレオチド配列がどのようにして一定のアミノ酸の配列に翻訳されるかがわかってきた。しかし異触作用には**量的**な面、すなわちDNAがどのようにして、種々のポリペプチドの合成量を適当にコントロールしているかという問題もある。たとえば、大腸菌では一世代間に、あるシストロンから読みとられるポリペプチド鎖の数が、同じ細胞内の別のシストロンから読みとられるポリペプチド鎖の数の一万倍以上もあることがある。さらに、ある一つのシストロンが翻訳される速度はいつも一定とはかぎらず、ある条件下では非常に速く、ちがう条件下では非常に遅いことがある。この量的な面を理解するための詰め方は、セントラル・ドグマにはふれられていなかったが、一九六一年にジャコブとモノーの**オペロン説**によって可能となった。大腸菌とそのバクテリオファージのシストロンの機能的働きの調節機構を説明するために、オペロン説では、一群のシストロンが一緒に制御を受けると考え、その一群のシストロンを**オペロン**と呼んだ。同一のオペロンに属するシストロンは、DNAの上の互いに隣接した座を占め、したがって密接に連関していて、DNA上の特定の制御部位である**オペレーター**の一つを共有している。オペレーターは一つのオペロンに属するシストロン群の一番端にあり、「開」と「閉」の二つの状態をとる。オペレーターが「開」になっているかぎり、そのオペロンに属するすべてのシストロンからメッセンジャーRNAが転写され、リボゾーム上でこれらのシストロンに刻まれた情報通りのポリペプチドが合成される。オペレーターが「閉」になると、すぐにメッセンジャーRNAへの転写が止まり、それに相当するポリペプチド鎖の合成もなくなる。したがって一つのオペ

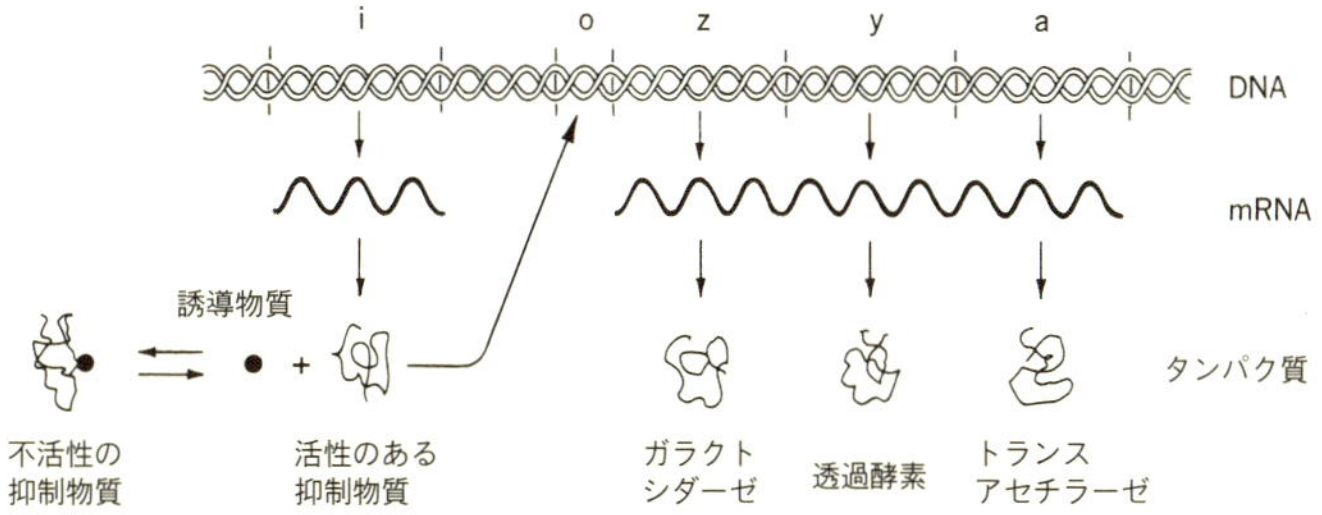

大腸菌のラクトース発酵遺伝子に適用されたジャコブとモノーのオペロン説．3つの隣り合った遺伝子，z，y，aはそれぞれガラクトシダーゼ，透過酵素，トランスアセチラーゼの3つのたんぱく質の構造を規定する情報をもっており，共通のオペレーター遺伝子oを持っている．この近くに遺伝子，iがあり，抑制物質のタンパク構造を規定する遺伝情報をもつ．この抑制物質はo遺伝子に結合し，それを「閉」の状態にする．抑制物質はラクトースのような誘導物質と結合すると不活化され、その結果oを「閉」じることができなくなる．（G. S. Stent, *The Neuroscience*, Rockefeller University Press, New York, 1967）．

ロンに属するシストロン群が翻訳される速度は、オペレーターが開いているかどうかの割合に関係する。一方、オペレーターが開いているか閉じているかは、それが**レプレッサー**と作用するかどうかによる。このレプレッサーも特定の調節シストロンによって作られるポリペプチドである。オペレーター部分に、それに関係する固有のレプレッサーが結合すると、そのオペロンに属するシストロンの転写が阻害され、オペレーターが閉じられたことになる。したがってあるシストロンの翻訳の速度は、そのシストロンに連関しているオペレーター部位と結合するレプレッサーの細胞内濃度によって決まることになる。

このようにして、一九六三年頃までにDNAの自触作用と異触作用の両者について、一般的性質がわかってきた。相補的な水素結合の形成を通して、ＤＮＡはポリヌクレオチドの複製の鋳型となり、自触作用の場合にはＤＮＡ鎖を、異触作用の場合にはＲＮＡ鎖をつくる。次にアミノ酸をつなげていく過程で、このＲＮＡと、転移ＲＮＡ分子のアンチコドンとが相補的な水素結合をつくり、それによって異触作用が完成される。このようにしてセントラル・ドグマは基本的に正しいことがわかった。生命現象の研究では、生物を生かしたままにしておかなければならないという必要性があり、そのため生命の秘密が結局はかくされてしまうであろうというボーアの心配は、遺伝子の本性を知るためには障害とならなかった（しかし遺伝現象にもある種の「不確定性原理」があると考えてもよいかもしれない。というのは、ある一つの細胞内の全ＤＮＡのヌクレオチドの配列順序を、絶対的な正確さで決定することは、おそらく原理的に不可能といえるからである）。デルブリュックがかつて考えたように、遺伝情報の長期にわたる安定性は、細胞内でいろいろな代謝反応が行なわれているにもかかわらず、遺伝子分子を構成する各原子がその平均的な位置と電子状態に固定されていることで維持されている。すなわち遺伝子の原子は、電子対によってポリヌクレオチド鎖という化学的連続体をつくっている。いいかえれば、染色体を「非周期性結晶」としたシュレーディンガーの見解が、ワトソン－クリックの二重らせんという形で具体化されたのである。大きなパラドックスも、物理学の「新しい法則」も現われなかった。子が親に似るという過程におけるからくりはただ一つ、相補的な水素結合の形成ということだけと思われる。

アカデミック時代のおごそかな開幕式．ストックホルム，1962年．フランシス・クリックと，仲間の受賞者たち（左からマックス・ペルツ，ジョン・ケンドリュー，モーリス・ウィルキンス，ジェイムズ・ワトソンの見まもるなかで，グスタフ6世王からノーベル賞を授けられた（Photograph: James Watson）．

四　アカデミック時代

セントラル・ドグマとそれを理論的に展開したオペロン説とが、根本的に正しいことがわかったことで、分子遺伝学は古典遺伝学が二五年ほど前に到達したような精神的状態におちこんできた。遺伝子の問題は解けた。後に残されているのは、細かい点の皺のばしだけである。ついに分子生物学も最後の**アカデミックな**時代に入ったのである。このアカデミック時代が始まってから今日までの五年間に、多くの重要な成果が得られた。そのうちのいくつかは、生化学的実験の名手によるものである。ロマンチック時代からの学者達は、はじめはかれらが生きているうちにこんなにすばらしい発展を目撃できるとは思ってもみなかったのに、セントラル・ドグマによって問題が解決されてしまうと、アカデミック時代のどのような発見にもあまり感激しなくなってしまった。成功によって感受性が鈍くなってしまったのである。これから、これら最近の成果のいくつかを簡単に述べよう。

第一に、大腸菌とそれに寄生するバクテリオファージの遺伝物質について、その相当な部分までがわかってきたことである。これらのもつ遺伝情報の全量を計算してみると、もうその中に未知の遺伝子を含む未開の土地はないとさえ思われる。あるバクテリオファージでは、DNAは二本のたがいにからまり合ったポリヌクレオチド鎖からなり、それぞれの鎖は約二〇万個のヌクレオチドが長く連なったものである。一つの遺伝暗号はヌクレオチドの三連文字からなるので、これは二〇万を三で割った約七万のアミノ酸の配列したポリペプチド鎖を意味することになる。ふつうポリペプチド鎖は平均して約三百のアミノ酸を含むので、このファージDNAによってつくられるポリペプチド鎖の種類、いいかえればシストロンの数は、七万を三百で割って約二百ということになる。現在までにこのファージでは、百シストロン（予想される全シストロン数の約半分）が遺伝子地図の上で位置が定められている。大腸菌では二重らせんDNAのそれぞれは六百万個のヌクレオチドからなり、ファージの場合と同様な概算で、約五千のシストロンに相当することがわかる。大腸菌の遺伝子地図上では、現在までにその三分の一がわかっている。当然のこととして、未知のシストロンの中にわれわれの驚くようなことがかくされているかもしれないが、その数もそう多いとは考えられない。

DNAの自触作用については、原理的には一九五三年からわかっていたが、今ではずっと細かいことまではっきりしてきた。一九五〇年代後半の初めに、アーサー・コーンバーグは、試験管内でDNAポリヌクレオチドの合成を触媒することのできる酵素を大腸菌から分離した。コーンバーグとその協同研究者たちは、この酵素が反応液に加えられたDNAを鋳型として、それを試験管内で忠実に複製することを、次々と明らかにしていった。事実、この酵素の発見は、親DNA分子が直接鋳型となって子DNAを複製するというセントラル・ドグマの最初の論文の正しさを実証するもっともよい証拠となった。一九六七年に、コーンバーグはついに、この酵素によってバクテリオファージのDNAを完全に忠実に複製することに成功した。この時につくられた人工のDNAはバクテリアに感染して子ファージを生産する性質を完全に持っていた。ファージ・グループの誰かが、二〇年後にこのようなことが可能になるであろうなどと一九四七年頃いったりしたらば、ばかだということで仲間はずれにされてしまっていたであろう。しかし一九六七年のコーンバーグの成功は、分子遺伝学者よりも一般大衆に大きな興奮を呼びおこした。というのは遺伝学的活性をもつDNAが遅かれ早かれ合成されるで**あろう**ことを疑う分子遺伝学者はほとんどいなくなっていたからである。自己増殖性のRNAポリヌクレオチドは、これより二年前にすでに、ソル・スピーゲルマンらによって合成されていた。

しかし、アカデミック時代には、予想されなかったDNA分子の性質も明らかになってきた。たとえばヌクレオチドの**修復過程**が発見された。この過程によって、情報の貯蔵庫としてのDNAの安定度がぐっと高くなる。二つの相補的ポリヌクレオチド鎖の一方の鎖の中のヌクレオチドが、放射線などによって障害をうけると、特別の酵素がそのいたんだ部分をとり除く。その後で、障害を受けていない方の鎖を鋳型として、除去された部分が修復複製され、正しい配列のヌクレオチドが再びつくられる。電子計算機の分野では、余分な部品による自己修復の原理が独立に発見されていたが、二五年前にはさすがのデルブリュックもシュレーディンガーも、情報のにない手としての遺伝子の安定性が、このような機構でまもられていることには気がつかなかった。このような切除と修復の酵素はDNA分子の遺伝的交叉の分子機構にも関与しているらしい。

ドグマの時代には、シストロンをあらわすDNA部分のヌクレオチド配列と、それが規定するポリペプチド鎖中のアミノ酸配列とは、たがいに**直線関係**を持っているものと暗黙のうちに仮定されていた。すなわち、シストロンのはじめのヌクレオチド三連文字が、ポリペプチドの最初のアミノ酸を、二番目の三連文字が二番目のアミノ酸というように順にアミノ酸を指定していくと考えられていた。十年以上もの間、このように信じられつづけてきた唯一の根拠は、そうだと考えるとすべてがうまく説明できるということにすぎなかった。結局、一九六六年に、ロマンチック時代には想像できなかったような技術によって遺伝子のヌクレオチド配列と、タンパク質のアミノ酸配列の間には、たがいに直線的な関係のあることが直接的に証明された。けれどもいざ実証されてみると、それは意気を高めるよりは、むしろ失望をさそうような結果となった。なるほど直線関係は正しかった。しかし直線関係が正しくないことが示されたのだったら、もっとおもしろかったのに！　同様に、タンパク分子の形態すなわち三次元的な立体配置と、それにもとづく生理学的作用の特異性は、ポリペプチド鎖のアミノ酸配列で決まるのだということは、セントラル・ドグマの付随的な仮定として長い間信じられて来た。この仮定も正しいことが最近直接実験によって証明された。最後に、もう一つ信じられていたことは、いろいろな種類のタンパク質が集合して大きな複雑な細胞構造体になるのは、自律的な自動的過程であって、ある形態をつくるに必要な部品であるタンパク分子のセットがあれば、適当な環境条件下でそれらは、自動的に集合していくと考えられている。この考えは、タバコ・モザイク・ウイルスの外殻を構成している、二一五〇個の一種類のタンパク質から、らせん的の棒状ウイルスが試験管内で構成されることが示されたことで、すでに一九五六年には、ある程度の支持を受けていた。一九六六年になって、バクテリオファージの頭や尾をつくっているいろいろのタンパク質を一緒にすると、次々と特定の反応順序にしたがって、それらがひとりでに結びついて、構造は完全な、感染性のあるファージ粒子が構成されることまでわかった。このように、複雑な形態発生の反応までが、ついに直接的な実験手段で研究可能になったが、その代りパラドックスにつきあたる可能性は次第になくなってきた。

アカデミック時代の一つの重要な技術上の成果は、相補的な二本の別々のポリヌクレオチド鎖を、試験管内でまきつかせて、一本の二重らせんのポリヌクレオチド鎖にすることであった。さらに一本のRNAポリヌクレオチドと一本のDNAポリヌクレオチドとをくっつけて、DNA‐RNAの**雑種分子**をつくれるようになったことも特筆に値する。この方法を用いて、メッセンジャーRNAが遺伝子のどこからできてきたのか、あるいは一群のメッセンジャーRNAが同一のシストロンに由来するかどうかなどという問題は、それらのRNAが特定のDNAと、雑種二重らせんをつくれるほどの相補性を相互に持っているかどうかを調べることで解決されるようになった。セントラル・ドグマにより、メッセンジャーRNAのヌクレオチド配列は、異触作用の第一段階で、転写の鋳型となったDNAのヌクレオチド配列に相補的であるはずであるからである。DNA‐RNAの雑種形成という方法で最初に得られた重要な結果は、ジャコブとモノーのオペロン説が正しいことの証明であった。この説によると、特定のシストロンに刻まれた暗号によって指定された特定のポリペプチドの合成速度は、転写の速度、したがってそのシストロンに関係したメッセンジャーRNAの合成速度を表わすことになる。特定のシストロンのDNAと雑種分子をつくれるメッセンジャーRNAの細胞内量を測ると、その増加にともなって、このシストロンで指定されたポリペプチドの合成速度も増加することが示された。これはオペロン説から当然出てくる結果である。一九六七年にそれまで仮定的存在であったレプレッサーがポリペプチドとして分離されたことで、オペロン説のもう一つの基本的特色が証明された。オペロン説によって考えられていたように、バクテリアはDNAのオペレーター部位と結合して、それを「閉じる」働きをするタンパク質を持っていることが明らかとなった。したがって、少なくともある遺伝子では、異触作用の量的な面は、ジャコブとモノーが考えたようなやり方で、調節されていることは、現在ではほとんど疑う余地がない。

一九六四年に、ニーレンバーグはタンパク質合成のための「かれの無細胞系」を用いて、遺伝暗号の解読に第二の実験的突破口を開いた。かれは、それぞれのアミノ酸と結合している転移RNAが、かれの考案した反応液の中で、リボゾームと特異的結合をするかどうかを検出する方法を発見した。重要なことは、メッセンジャーRNAの代りに、たった三つのヌクレオチドだけからなる非常に短かいポリヌクレオチドを反応液に加えると、このポリヌクレオチドに対して、ワトソン－クリックの塩基対という意味で相補的なアンチコドンを持つ転移RNA分子だけが、リボゾームと特異的な結合をするということの発見である。短かいヌクレオチド三連文字は、多くのアミノ酸をつなげるための鋳型とはなれないので、このような条件下ではポリペプチド合成はおこらない。この新しい方法を使って、ニーレンバーグはウラシル－ウラシル－ウラシルというヌクレオチド三連文字を加えると、フェニルアラニン転移RNAとリボゾームの結合が促進されることを発見し、フェニルアラニンというアミノ酸を示すコドンがU－U－Uであるという、前に得た結果が正しいことを裏づけた。六四種類のヌクレオチド三連文字を、化学的につくることはわりに簡単なので、この方法を用いて全部の暗号が一年あまりの間に解読されてしまった。この結果は他の方法によっても確認され、クリックの考えにしたがい、一つの表にまとめられた。

この暗号表は生物学にとって、ちょうど化学の周期律表にあたるといわれている。遺伝暗号の重要な性質は次のようなものである。㈠暗号には同義語がある。すなわち一つのアミノ酸に二種類以上のコドンが対応する場合がたくさんある。たとえばウラシル－ウラシル－ウラシルという三連文字と、ウラシル－ウラシル－シトシンという三連文字は両方とも、フェニルアラニンを表わす同義語である。㈡暗号は一定の構造を持っている。すなわち同じアミノ酸を表わす同義語のコドンは、ほとんどの場合、表の同じ「枠」の中にある。いいかえれば、同義語のコドンがたがいにちがっているのは、三つのヌクレオチドのうち三番目のヌクレオチドだけである。クリックは、リボゾームのポリペプチド形成部位で、転移RNAのアンチコドンが、メッセンジャーRNAのコドンを見分ける際の、水素結合の幾何学的な位置がこのことに関連があると説明している。㈢暗号は全生物界で共通であるとい

	U	C	A	G	
U	Phe	Ser	Tyr	Cys	U
	Phe	Ser	Tyr	Cys	C
	Leu	Ser	—	—	A
	Leu	Ser	—	Try	G
C	Leu	Pro	His	Arg	U
	Leu	Pro	His	Arg	C
	Leu	Pro	Gln	Arg	A
	Leu	Pro	Gln	Arg	G
A	Ile	Thr	Asn	Ser	U
	Ile	Thr	Asn	Ser	C
	Ile	Thr	Lys	Arg	A
	Met	Thr	Lys	Arg	G
G	Val	Ala	Asp	Gly	U
	Val	Ala	Asp	Gly	C
	Val	Ala	Glu	Gly	A
	Val	Ala	Glu	Gly	G

この表で，U，C，A，Gという文字は、それぞれウラシル，シトシン，アデニン，グアニンという塩基を含む4種類のヌクレオチドを表わす．3文字で記されているのは，20種類のアミノ酸で，その化学構造は53ページに示してある．この表では，コドンは次の規則にしたがって読まれる．コドンの一番はじめのヌクレオチドは，左側に大文字で示してある．コドンの2番目のヌクレオチドは上側に大文字で示してある．3番目のヌクレオチドは右側に大文字で示してある．一番はじめのヌクレオチドがUであるような暗号によって表わされるアミノ酸は，表の一番上の桝の中にあり，暗号の2番目がUであるものは表の一番左の桝の中に，また暗号の3番目がUであるものは各桝の一番上に示されている．UAA，UAG，UGAの3つは“ナンセンス”コドンと呼ばれ，それに相当するアミノ酸は存在しない．

ってよい。大部分の暗号は、大腸菌のタンパク質合成系を使って解読されたが、のちに他のバクテリア、植物、あるいは動物（哺乳類を含めて）などの転移RNAやアミノ酸活性化酵素（暗号を「知っている」媒介者）によっても同じような結果が得られた。現在地球上に存在する全生物が共通の暗号を持っているということは、生物進化の永い年月の間、暗号が変化せずに伝えられてきたことを示している。遺伝暗号が進化しなかったことは、一見意外に思えるが、一つの説明は、暗号の進化があったとしても、それは必要な暗号を変化させる突然変異がおこると、かならずその個体が死んでしまったという考えである。暗号にこのような突然変異がおこれば、突然変異体の**全タンパク質分子**は、多分有害な変化を一度におこすであろう。暗号が進化しなかったということに対するもう一つの説明は、アンチコドンのヌクレオチド三連文字と、それの表わすアミノ酸との間にまだ知られていない幾何学的あるいは立体化学的な関係が存在するかもしれないという可能性である。もしこのような関係があるなら、それは生命の起源を知るうえの一つの鍵をにぎっているものといえるであろう。

遺伝暗号のもつ一般的性格は、三千年以上も前に生命の本質をさぐるために考え出された、古代中国のシンボリックな考え、すなわち易経（「変化の原理の書」）、と奇妙な類似点を持っている。私がこの類似に気がついたのは、ジョン・ケイジによっている。ケイジは彼のチャンス・ミュージックの作曲に易を何回もとり入れている。また遺伝暗号と易経の間の密接な対応については、ハーヴェイ・ビアリーに要点を教えてもらった。易経は、陽（実線—の記号で表わす）と陰（破線--の記号で表わす）の二つの相反する原理の相互作用にもとづいている。陽と陰を組み合わせて四種の二連符号（二爻）、老陽(⚌)、老陰(⚏)、小陽(⚎)、小陰(⚍)ができ、この四種の二連符号を三つずつ組み合わせて$4^3=64$通り（六四卦）の六連符号（六爻）をつくった。それぞれの六連符号は下から上に読まれ、生命の六四種の基本的な姿の一つを表わし、その様相は六連符号をつくっている三つの二連符号の相互作用によって決められる。易経が長い歴史を経るうちに、六連符号はいくつかのちがった順序で並べられ、その一つとして約一千年前の宋の時代にいわゆる「自然の」秩序ができあがった。このようにして、陽から陰へまたは陰から陽への突然変異によって、生命が一つの相から次の相へと変化する様子は、易に示されている関係を研究すればわかるはずである。

十八世紀の初頭にライプニッツはイエズス会の牧師から易経の存在を知らされ、「自然の」秩序の六連符号に指定された直線的な配列がそのシンボリックな符号の中に具体的に表現されていることを見出して驚いた。ライプニッツは、かれが当時自分だけが発明したと考えていた二進法を、この陽と陰が意味していることに気づいたのである。最初の六連符号（六爻）

は〇〇〇〇〇〇という値をもち、二番目の

は〇〇〇〇〇一という値で、三番目の

は〇〇〇〇一〇といった具合である。易経によって二進法が予測されたことは驚異であるが、易経と遺伝暗号の間の類似性にもわれわれは驚きの目をみはるだけである。もし陽（男または光明の原理）

をプリン塩基とみなし、陰（女または暗黒の原理）をピリミジン塩基とし、たとえば老陽と老陰はそれぞれ相補的なアデニン(A)とチミン(T)の塩基対にあたり、小陽と小陰は相補的なグアニン(G)とシトシン(C)だとすれば、六四種の六連符号（六爻）の一つ一つは、それぞれヌクレオチド三連文字を表わすことになる。易の「自然の」秩序は、ヌクレオチド三連文字全容、したがってクリックの並べ方で示されるような暗号間の一般的な関係をつくり出すことができる。現在まだわかっていない遺伝暗号の起源については、易経の注釈書をよく読めば、問題解決の鍵が得られるかもしれない。

分子遺伝学の成功によって、分子遺伝学はアカデミックな学問の大きな柱となった。分子遺伝学は、いまや生命を理解するための中心骨格として、重要な知識の集大成といってよく、アカデミックな学問として大切に保存して次の代にひきつがなければならないものとなってきた。細かい学問的な研究課題はまだ尽きるどころではないし、また事実優生学や優形学における技術的な開発はまだこれからというところである。けれども英雄的な戦いの場としての魅力はとっくになくなっている。遺伝現象の研究でパラドックスが現われるかもしれないという希望は、もう遠い昔にあきらめられてしまった。古典遺伝学がアカデミックな学問的地位を得た時には、遺伝子の問題を虎の子のようにかくしもっていたが、それとは対照的に、分子遺伝学は何もすばらしい遺産を持っていそうもない。したがって、これから未踏の地を探険したいと思う人は、どこかほかの方面に注目しなければならない。このようなロマンチックなタイプの人に適した、未解決の問題が山積している生物学の分野の一つは、発生学である。受精卵が複雑な、しかも高度に分化した多細胞生物になる発生の秩序正しい過程を理解することはまだまだ不十分で、その過程を想像することも難しくみえるくらいである。けれども最近の研究をみていくと、発生学は、ずっと複雑ではあるが、ひと昔前の分子遺伝学とほとんど同じであろうと思われる。たとえば、一つの多細胞生物の各細胞の核中の染色体DNAは、発生のいろいろな段階で、ちがった種類のメッセンジャーRNAを合成するとみられている。そして分化した細胞が特有の性質を持つのは、ジャコブとモノーの提案したオペロン説と同じような機構によっていろいろなシストロンが開いたり閉じたりするためであるように思われる。高等生物の発生には、バクテリアやウイルスのRNAの異触作用の場合には存在しない、オペロンとはちがう制御回路が働いているにちがいない。しかし、分子遺伝学の知識を単に拡張しただけでも、この新しい制御回路がどのようなものか想像ができる。事実、細胞分化の一つの特殊な例である哺乳動物の免疫反応は、長い間、なぞに包まれていたが、今では解決の日も間近と思われている。

感染症の病気に一度かかって治った人は、二度と同じ病気にかからないということで、免疫になることは長い間知られていたが、免疫反応の研究は、十八世紀の終りにエドワード・ジェンナーが予防接種を発見した時に始まったといえる。このすばらしい現象を説明するために研究が進められた結果、十九世紀の終りにエミール・ベーリングによって、血清中に「抗体」という特別のタンパク分子が存在することが発見された。これらの抗体は、病源となるウイルスやバクテリアと特異的に結合し、それを中和する能力のあることがわかった。したがって免疫というのは、最初の一時感染によって誘発された抗体の存在によって得られるものである。抗体と伝染病の関係が発見された直後、特異的な抗体は死菌とか細菌毒、または蛇毒を血液中に注入してもつくられることがわかった。その後、数年の間に、血液中に「抗原」、たとえば異質のタンパク質が入ると、それが有害か無害かにかかわらず、数日後にその抗原に特異的に反応する抗体が出現することが知られてきた。ところがその個体自身の組織（または遺伝子組成の寸分たがわぬ一卵性双生児などの組織）からとったタンパク質は、抗原として働かない。このように抗体産成は、単に伝染病に対する防御反応としてだけではなく、非自己の認識機構という点でもっと広く生物学的重要性を持っている現象といえる。系統樹の上で、硬骨魚類より上にある脊椎動物がすべて抗体をつくる能力を持っているということは、この過程が古くから生物界に存在したことを示している。一番高等な多細胞生物にそなわっている免疫反応の生物学的**目的**についての説明としては、この機構は**内因的**につくられた異常タンパク質を除去するためであろうというのがもっともらしい。たとえば染色体ＤＮＡに突然変異がおこり、ちがったタンパク質分子を合成するようになった異常な変異細胞は、免疫反応によってみつけられ、非自己として識別されて除去されると思われる。脊椎動物は突然変異をおこす可能性のある何十億もの細胞から成り立っているので、もしこのような清掃作用がなかったら、魚も蛙も鳥も哺乳類もすべて成熟する前に癌にかかって死んでしまうのかもしれない。

一九三〇年代までに、カール・ラントシュタイナーやその他の人々の仕事によって、一つの個体がつくり出せる抗体分子の種類は驚くほど多様である（少なくとも百万種類はある）ことがわかった。このように非常に多種の抗体タンパク質がありうるのに、その中からどのようにして、抗原はそれと特異的に結合する特定の抗体をつくり出すことができるのであろうか？　この疑問に答えるために、一九四〇年代のはじめに、抗原は抗体の産生を行なう特殊な血球細胞にとり込まれるという説が立てられた。この血球細胞の中で、新しく作られまだ機能を持たない抗体ポリペプチド鎖は、抗原と接触しつつ**折りたたまれ**、その結果、その抗原と相補的な特異的立体構造をとるようになると考えられた。この説によれば、抗原の種類と同じだけのたくさんの抗体が存在することを容易に説明できる。けれどもこの説では、どのようにして抗原を自己あるいは非自己として見分けられるかという問題は**説明できない**。また抗体を実際に生産している血球細胞中には、抗原は含まれていないことが示された今日では、この説は通用しなくなってしまった。あるポリペプチド鎖を、無数に可能性のある構造のうちのどれか一つの型につくり上げるというような考えは、セントラル・ドグマとどこかで衝突する。何となれば、前にのべたセントラル・ドグマの付属定理によれば、すべてのタンパク質分子の立体構造と機能的特異性は、アミノ酸の配列によって完全に決められているはずだからである。アカデミック時代の研究によって、抗体タンパクもこの定理の例外ではないことが示された。すなわち、異なった抗原に対する抗体では、実際にアミノ酸配列に差があり、抗体タンパクが抗原と相補的な特異的な形状をしてるのは、そのアミノ酸配列によって直接に決められているということである。

一九五四年に、N・K・ヤーネが、抗原の役割はそれに対応する抗体の構造を決定することではなく、抗原に接する前からすでに合成されている抗体タンパクの合成の特定の系を選択的に促進させることだといい出してから、免疫反応に対する考え方が新しい方向をむいてきた。けれども、動物には自己のタンパク質と結合する抗体分子を合成できる機構は存在しない。したがって、抗原はそれと結合できる「自発的」な抗体分子に出合うことによって「異物」であるとされ、そのような自発的抗体に出合わなかったものは「自己」とみなされるのである。このような考えが発表されてまもなく、F・M・バーネットはヤーネの抗体産生に関する選択説を発展させて、抗原が選択的に刺激するのは、その抗原と結合するただ一種の抗体タンパクの合成を規定する遺伝子組成を持つ特定の血球細胞の増殖過程であると考えた。したがって個々の動物の体内には、免疫反応をひきおこすことのできる抗原の数だけ、遺伝学的に異なった血球細胞がなければならない。バーネットはこの多様性は、動物の生長と発生の間に、血球細胞中に突然変異がおこるために生ずると考えた。多様性の原因に関するこの説明だけは、現在ではあまり信じられていない。一九六七年に、血球細胞の遺伝的多様性は、血球細胞の核の中の少数の相同なDNA断片のヌクレオチド配列の間で、たえず交叉による「かきまぜ」がおこっているためであろうという考えが出された。ここでいうDNA断片は、それぞれが百個ぐらいのアミノ酸の長さのいろいろな抗体ポリペプチド鎖の遺伝情報を持っているシストロンと考えられている。かきまぜの結果、どのようなシストロンができたかによって、それぞれの形質細胞は、かきまぜられてできたヌクレオチド配列の情報にしたがい、特異的なアミノ酸配列を持つ抗体を合成する。この選択説の最近版が確かだという証拠はまだ得られていないし、抗原がどのようにして、それに特異的な抗体だけをつくる特定の血球細胞の選択的増殖を誘発するのかはなにもわかっていないが、免疫反応に対する現在の考え方がそれほど的をはずれているとは思われない。さらに、相同なDNAシストロンをかきまぜる交叉の過程とか、特定のかきまぜられたシストロンを持つ細胞を選択的に増殖させる過程などは、細胞分化の他の現象の根底にも関与している可能性がある。このような基本的な現象が、進化の過程で、単に免疫反応のためにのみ現われたということはちょっと考えられない。

アカデミック時代の無味乾燥な学問にもかかわらず、ロマンチックな魅力を残しているもう一つの大きな未解決の問題は、生命の起源である。生命が地球の上で本当に生れたものであるかどうかは、まだわからないし、またいつになっても確かめられないとは思うが（今世紀のはじめにスバンテ・アレニウスは生命は外の宇宙からきた「胚種」によって地球が「感染」されてできたという反対の考えを出している）、宇宙天文学、地球化学と生化学の現在の知識から、地球上で生命のない物質から生命のある物質への変態がおこったことの概念的な説明はできなくもない。生命の起源についての近代思想の流れは、三〇年前にJ・B・S・ホールデンとA・I・オパーリンが、地球進化の初期に原始的な海洋の中で、有機分子がいろいろつくられたであろうといい出したことに始まる。これらの有機分子が集まって大きな集合体となり、自分で生化学反応を営めるようになったと考えられた。次にダーウィンの自然淘汰の法則にしたがって、一番うまい反応を行なう集合体が適者として残されていった。このようにして自己を保持し、自己増殖をする最初の集合体が選択されたとたんに、生命が誕生したことになる。一九五〇年代までに、原始的な生命のまだなかった時の地球大気の組成を推測して、それをガラス器内で再現した生化学的な実験が行なわれた。その結果、生細胞の基本的な成分、特にアミノ酸やヌクレオチドが、そのような条件下で自然にできてくることがわかった。けれども、現在では明らかなことだが、自然淘汰によって最適の原始生物が選択される以前のまだ生命をもたぬ集合体の性質を云々するのは、セントラル・ドグマが発表される前には困難だったであろう。この問題は、DNA→RNA→タンパク質という三人組で現在遂行されている、自触作用と異触作用という**両方**の作用を行なうことのできる原始的な系を探すことによって解決されるだろうということが今ではわかっている。自然淘汰によって進化がおこるためには、選択されるべき表現形質を決める**情報**を持つ、自己増殖し突然変異をおこす能力を持った遺伝系が必要である。もちろん、原始的な地球上に最初に現われたこのような系は必ずしも核酸とタンパク質によるものであったとはかぎらない。けれども、現在のところ生命の起源という問題に対するもっとも有望な探求は、遺伝暗号の起源と、それが女神アテナがゼウスの頭から突如として姿を現わしたなどというような説明ではなく、その過程を証明することにあるのであろう。今や問題は分子レベルで提出されてしまっているので、この問題が解決されるのもそう遠いことではないであろう。もしかしたらここにパラドックスがかくされているかもしれないが、地球外の生命が研究できるようにならないかぎり、生命の起源に関するパラドックスが、「別の」物理法則を導き出すとは考えられない。

現在、合理的な分子機構の見通しもつかないままに残っている、ただ一つの生物学的未開拓の分野は高次神経系の問題である。その途方もない働きは、ちょうど一時代前の遺伝機構の問題と同じように、絶望的にむずかしく手に負えないように見える。そしてもちろん高次神経系の問題は、人類の思想の歴史の中で、古くからもっともよく知られているパラドックス、すなわち精神対物質の関係、を提出している。そこで、古くからの分子遺伝学者は、次々と、神経系の研究に方向転換し始めている。かれらは、神経系の研究も、かつての分子遺伝学を誕生させたような、ロマンチック期にそのうちに入るだろうと期待しているのである。これからは、遺伝学者よりも神経系の研究者が、生物学研究の前衛となるであろう。神経系に関するまだ非常に神秘的に見える問題の一つは、その発生過程でどのようにして個々の神経細胞の間に、特異的なしかも遺伝的支配を受けている多数の相互連絡が生じてくるかということである。この問題について、何か役に立つようにセントラル・ドグマを使うことができるかもしれない。けれども、神経細胞のネットワークが確立されるには、一つの神経細胞の表面をもう一つの神経細胞が特異的に識別することが疑いもなく中心的な役割を果たしているはずなので、この問題の解決には、細胞表面の構造と機能を見抜けるような根本的に新しい知識が必要であろう。このような洞察は、ジャコブとモノーのオペロン説のように、セントラル・ドグマの高次の展開となるであろう。もっと高度の複雑さを持つものとして、神経細胞のネットワークの論理を解明するという仕事が残されている。すなわちその回路がどのようにして情報を獲得し、処理し、貯蔵し、あるいは指令として発するかということである。最近この問題にセントラル・ドグマを適用しようという試みがされているが、それは本物でなく愚かしいものにみえる。近ごろ、幾人かの生化学者や心理学者が、神経の情報もヌクレオチドかアミノ酸の配列順序で表わされるのではないかといい出しているが、ほんとうに神経系か分子遺伝学をよく知っている人なら、このような考え方が役立つなどとは思わないであろう。しかし、数年前に神経系の論理を知るうえの一つの突破口が開かれた。脊椎動物の眼の網膜のある部分からの視覚刺激を受け取る神経細胞にみられるように、比較的少数の一群の神経細胞が、その受け取った信号を解析して、前もってつくられた問題に対して、イエスかノーの判定をすることが発見された。したがって脳に送られるのはなまのデータではなく、あらかじめ次々と評価された情報であるというわけである。この発見は脳の研究において、ちょうど遺伝子の研究で一遺伝子－一酵素説が持ったと同じような意味を持つものであろう。この場合、十個かそこいらの相互連絡した神経細胞が、小規模ではあるが脳と同じような働きをすることがわかったことによって、それが実際どのようになっているかをはっきりさせられるという希望が抱けるようになった。神経系の研究が将来成功することはまちがいないが、そうなると哲学的に重要な問題が出てくる。それについて少し考えてみよう。たとえば一度人間の脳のネットワークの性質が十分に理解されてしまえば、何か特異的な電気的入力を脳に送ることもおそらく可能になるであろう。これらの電気的な入力によって、現実の世界でおこっているできごととは何の因果関係も持たない人工的な知覚、感覚、情緒などをひきおこすことができる。このような可能性は決して遠い将来のことではないということは、ねずみに電気的な刺激を与えて、脳の快楽中枢を刺激する実験が行なわれていることでも示される。ねずみは疲れはてて死んでしまうまで快楽中枢に電流を送るスイッチを押し続けた。したがってわれわれは、電気生理学的**優心学**とでもいうべきもののおかげで、黄金時代の新しい局面が突然開けてくるのではないかと予想する次第である。われわれ死すべきかよわき人間はやがて、快楽中枢が適当な電気刺激を受けるかぎり、心の悲しみも苦悩もなく、神のように生きるようになるであろう。

しかし、はたして神経系を科学的に研究することによって、精神対物質というパラドックスを解くことができるのであろうか。原子の集合体に自意識性を与えていると考えられる、脳特有の性質である意識という問題は、ほんとうに説明されるのであろうか？　ボーアは、この問題の本質を物理学的言葉で理解するためにも、相補性の原理が役立つだろうといっている。「原子物理学における、力学的な考え方の限界を認識することは、生理学と心理学に特有の一見対照的に見える考え方を調和させるのにも適していると思われる。原子物理学では、測定装置と実験対象との間の相互作用を考慮する必要があるが、心理分析においてこれに相当するのは、ただ一つの点に注意を集中することによって、心理的内容はかならず変化するという事実から生ずる特有の困難さである。……われわれの見解では、意志の自由という感情は、意識的生命に特有な性質と考えなければならない。そして意識的生命に対応する物質について考えるときは、因果的力学的描写も、原子物理学の統計的法則をはっきり適用できるような物理的測定も不可能であるような、有機的な機能の中にそれを求めなければならない」。ビクター・ワイスコップは最近ボーアの態度を次のように要約している。「意志決定をする際に、個人の自由が自覚されるということは、直接に体験を通して得られる事実であると思われる。しかしその過程を解析し、それぞれの段階の因果関係をたどっていくと、自由な意志決定という体験は次第に消え失せていってしまう。……ボーアは熱心なスキーヤーであったので、ときに次のようなたとえを使った。これはおそらくスキー仲間にしかわからないであろう。クリスチャニア回転の細かい動きまで一つ一つ分析しようとするとクリスチャニアはどこかに消え、普通の制動回転になってしまう。これはちょうど量子状態を鋭い観察によって分析すると、単なる古典的な運動になってしまうのと同じである」。このような立場に立つと、意識を「分子レベル」で研究しようとするのは、時間の浪費以外の何物でもないことになる。意識というようなまったく私的な体験をつくり出すもととなっている生理学的過程自体は、分子レベルに到達するずっと前に、肝臓などでおこっている反応と同じような、ごくふつうのつまらぬものに変質してしまうであろう。したがって意識に関するかぎり、その物理学的本性を知ろうとすると、脳によって脳自身の働きを説明することが不可能かもしれないということで、人間の理解の限界に到達してしまうことになるかもしれない。ボーアは一九三二年の講演の最後に、「形而上学的推測には立入らないが、説明という概念そのものを何か分析しようとすると結局は、われわれの意識活動の説明を断念しなければならないことで始まり、それで終ることになることをつけ加えたい」と述べている。あきらかに物理学の法則にしたがっているのに、**決して**説明することのできない過程が存在する。**これ**こそ、求めていたパラドックスなのであろう。

II　ファウスト的人間の興隆と衰退

もしも未来が予言に対する何らかの
道路を示しているのでなければ、
現在それが実現されたときに
理解されえないであろう……

——オルテガ・イ・ガセット

レンブラント「研究室におけるファウスト博士」(The Bettmann Archive).

五　進歩の終り

一九五〇年代のはじめに、突然ビートニクがサンフランシスコのノース・ビーチ地区に姿を現わした。最初この現象は、中産階級的なアメリカの現代の規準に対する一つの反抗であるとみられていた。だらしのない恰好をした、サンダルばきの男女の若者たちは、アッパー・グラント・アヴェニューにたむろして、はた目には放縦な生活をし、かれらが生い育った健全な環境の価値そのものをあからさまに否定した。男たちのあごひげや長髪は、きれいにひげをそった角刈り頭の全米代表的男性からかれらを際立たせた——もっとも、これも一世紀前であれば、あごひげ、長髪といった調髪上の習慣は、ビートニクを一八四九年に金《きん》の発掘にやってきた人びとの群がるノース・ビーチ風景にすっぽりとけ込ませてしまったことであろう。また女たちの口紅やルージュの否定は、彼女らを全米代表的女性の化粧の輝きから切り離した。ビートニクに対する一般の態度は、まるで理解を持たない偏狭な敵意か、あるいはおうような面白半分の寛容かであって、後者は、両親の権威や習慣に対する反抗は、ごく自然ないやおそらくはさらに健康なことだろうといった理解に立脚していた。いずれにしてもたいていの人は、この常軌を逸した若者たちもやがて中年になればその行状を改め、暮らしを立ててゆくための仕事にとりかかることになろうと思い込んでいた。あたかもこの予断を裏づけるかのように、ビートニクは一九六〇年代にはノース・ビーチから姿を消してしまった。一九六〇年代には、かれらが以前いつも出入りしていた場所は旅行者や他の堅実な市民たちのためのレストランとかギフト・ショップになってしまっていたのである。だから、ビートニクはかのボヘミアン——社会的・文化的進化の主流に対して奇異な辺縁現象として出没するかに思われるボヘミアン——の一新種にほかならなかったのだと考えられた。

けれども、その歴史の示すとおり、ボヘミアニズムというものをあまり手軽にかたづけてしまうのは誤りである。顧みれば、ヨーロッパおよびアメリカのボヘミアンとは、その世代のもっとも感覚鋭い明敏な若者たちから人員を補充されていたもののように思われる。ボヘミアンは見通しのきかぬ同時代人のだれよりも早くかつ明瞭に周囲の世界の諸矛盾を見抜き、かれらが成人して直面する事実および習俗のパラドックスに対するラディカルな解決を採用したのであった。単純にそうみられているのとは反対に、ボヘミアンたちは一般に、かれらが中年に達してやがて社会にまた組み込まれる時にも、そのラディカルな態度なり趣味なりを決して捨て去りはしなかった。その反対に、ふつうは社会の方がその間に変化し、以前にはとんでもないとされていた諸観念を同化することになったのである。こうした観方からすれば、ボヘミアンは前衛なのであり、かれらの現在のラディカルな風俗は、将来の既成体制《エスタブリッシュメント》のもとでは因習となってしまう風俗、をいわば先取りしたものとみなされるわけである。たとえば、十九世紀のモンマルトルの最初のボヘミアンたちのことをふりかえってみれば、かれらの個人的な振舞における美術家的な趣味や規準は、同時代のブルジョワたちを驚倒させるようなものであったが、やがて第一次世界大戦後のヨーロッパでは、公認の中産階級的諸価値となってしまった。もう一つ例をあげれば、第一次世界大戦後のアメリカのグリニッチ・ヴィレッジのボヘミアンである。当時そこには、アメリカ資本主義の同類あいはむ社会的ダーウィン主義に反撥し、その金銭づくの美的標準の俗悪さを嫌悪した若者たちが集まっていた。ところが、このグリニッチ・ヴィレッジの左寄りの政見とか、善なるもののアルファにしてオメガであった全能の金銭《ドル》に対する拒否とかは、第二次世界大戦後のアメリカの体制では容認された価値となるにいたった。グリニッチ・ヴィレッジの古強《ふるつわ》者《もの》たちは、中年に及んでも社会に自分を順応させる必要などはなかったのである。その時にはすでに社会の方で**かれらの**規準に順応してしまっていたのである。それゆえもし一九六〇年代のアメリカ主要部がどのようになるかを予見しようと思ったならば、一九五〇年代におけるビートニクの哲学を検討することが、じゅうぶんやり甲斐のあることになるであろう。

　ビート哲学はルネッサンス以後の西洋の態度からのかなり根本的な離反を示している。もっとも、これも東洋思想の眼界からすればなんでもないこととみえよう。ビートの哲学は、理性の使用、世間的成功のための努力をともに放棄してしまうのである。これらはいずれも真の生活には無関係なもの、さらには障害物とさえ感じられる。つまり、ビート哲学が主張するのは、感情や直接的な感覚的経験が頭脳の働きよりも上位に立つべきであるということ、自我の実現は外に向っての努力よりも内に向っての努力に求められるべきだということである。一九六〇年代にビートニクの姿がみえなくなったのは、かれらが実際に消えてしまったからなのではなく、かれらの態度やスタイルが東部海岸や西部海岸の都市地域において日常的なものとなってしまったからである。あごひげやサンダルは、もう探さなくてもすぐ目につくものとなった。そうこうしている間に、ビート哲学はサンフランシスコ湾を横切って、バークレーのカリフォルニア大学に入りこんだ。この事実は当時の大学の管理当局には気づかれずにいた。バークレーの学生たちの体質におこった深刻な変化に注意を促がすためには、フリー・スピーチ運動という外傷《トラウマ》が必要であった。大学評議員のマスカティン報告が見出しているとおり、優秀な学生たちのますます多くの者がもはや「アカデミックな指向」を持たず、また「経歴《キャリア》に執着」してもいない、そして「大学によって与えられる、生涯の仕事のための、また自分の分野での昇進のための自己教育の機会をとらえ」ようともしていないかに見える。不服従運動をしているいわゆる「ノン・コンフォーミスト」学生のグループが指導的な位置につくにいたったが、「かれらの相貌のもっとも顕著な特徴は……今日のアメリカの多くの側面をまっこうから拒否することである」。これらの学生たちは、「道徳的であると自称する」アメリカ人が「実際には不道徳であり、健全だと主張する人々が本当は不健全なのだ……」と信じている。「自分の私生活において社会を拒否するこういうやり方は、何にもコミットしない以前のビート族のような行動パターンが発展展開したものである」。しかしながら、この新しい学生のメンタリティの**真に**ラディカルな側面は、表面にはっきりと出ている、決して新しいとはいえぬ、その社会的反抗の態度ではなく、この態度の根底にある反理性的な基盤にあるのである。というのは、「理性よりも感情の方が真理へのより確実な導き手であると信ずる学生たちは、大学が理性による探究に従事することを容易に評価できない」でいるからである。

　バークレーの学生たちの間で明白なものとなってきた、このビート哲学の中心をなす二側面——反理性主義と反成功主義——の起源をここで究明してみたいと思う。まずはじめに明らかにしておかなければならないのは、反成功主義という側面は、物質的報酬を求めての虚飾的な努力への反対といったことをはるかに越えて——一九五〇年代末には**その**種の成功はすでにビート的でない旧式の社会においてさえ重視されなくなっていた——外的な世界における一切の業績にまで及んでいることである。したがって、こうした考えを押し進めるビート哲学の著者たち——たとえば、ジャック・ケルアック、アレン・ギンズバーグ、ノーマン・メイラーなど——も、完全なビートそのものではありえなかったことになる。なぜなら、ビートの文筆家といういい方自体に矛盾があるのだから。ついでにいえば、ビート哲学が関係するところが深い禅仏教においても、これと同じ矛盾が認められる。というのは、禅の達人たちの説いていることは、禅について書くというような試みをしたら、その人は禅を**真に**理解したことにはならないということであるからである。

　マスカティン報告は、第二次世界大戦後の世代でビート的態度が発生した源泉について、正しいと信ぜられる認定を行なっている。つまり、その源泉とは豊かな社会《アフルエント・ソサエティ》にある。ある基本的なレベルの経済的安定があたりまえのこととされ、貧困や欠乏の消え失せたような風潮の社会に育てられて、ビート精神は生れる。この精神にとっては、成功への努力などはまるで無縁のものなのだ。なぜなら、成功とは、最大の経済欠乏と不安定の環境《アンビエンス》の幼年時代にとりつかれてゆく目標であるからである。

わたくしはいまこの驚くべき推論を、いささか古風で十九世紀的な**力への意志**という概念で正当化してみたいと思う。この概念はニーチェの哲学の中心概念であった。かれはそれを生そのものの形而上学的本質と考えたのである。ニーチェにしたがえば、生のあるところには必ず力への意志があるのである。しかし、わたくしはそうした形而上学的考えを避けるために、この力への意志をたんに心理的事実として扱うことにする。いい換えれば、人間の心に外的世界の出来事を支配したいという意志が存在することを当然の事実と考えようと思う。そしてまたニーチェにしたがい、この力への意志の昇華《サブリメイション》が、あらゆる創造的活動の心理的主動因だという見解を採用する。たしかに、力への意志という概念は、現代の精神分析の用語を使って、自我《エゴ》と無意識《イド》との動的な関係として、さらにもっとうまくいい直すことができる。けれども、いまここでの目的には、その意志を構成する意識と下意識のどちらが重要かを検討するといったことにまで立入る必要はない。いずれにしても、力への意志は明らかに、われわれの外に向った行動の背後にあるもっとも重要な機動力の一つなのである。われわれは最広義における成功を定義して、力への意志の行使——自我がその意志の行使から期待していた諸結果が、現実に達成されたと認められるような力への意志の行使——であるとすることができる。つまり、成功とは、じゅうぶん満足のゆく仕方で外界の出来事を操縦できることを意味する。力への意志の行使に関して、主観的にこのように思うことは自我の上に重大なフィードバック作用をする。自我はその外に向った行動の成功によって実現されるのである。

われわれは力への意志の個体発生的ならびに系統的起源を問うてみることができよう――もちろんこれは、ニーチェの形而上学的立場からすればなんの意味もない探索であるが――そのために、力への意志は生得的ないし本能的な要素と、後天的な要素の二つを持っていると考えよう。したがって、その個体発生的起源は、人間の脳の構造に内在する遺伝的に決定されている諸概念と、生れてから後に獲得される経験的な諸概念との相互作用のうちに求めらるべきである。ということはつまり、外的世界の出来事を支配しようという意志は、幼年期に自動的に生じてくるものなのではなく、その意志の発現の強度や特殊形態は、子供のころの環境から受けた諸観念に左右されるということである。一方、その系統発生的起源に関していえば、力への意志――その出現がヒトになる過程での決定的な一段階であったにちがいない人間に特有な一属性――が生れてきたのは行動の自然淘汰によるということになるであろう。つまり、類語反復的な「適者生存」というスローガンによれば、力への意志の概念が生得的に潜在している脳をつくり出す原《プロト》・人類遺伝子に有利に自然淘汰が行なわれたというわけである。このプロセスに相いともなって潜在的な力への意志を顕在的なものたらしめるのに必要な諸観念を伝播する原・人類グループが選択されてきた。この議論には言語能力の起源に関するノーム・チョムスキーの理論にいちじるしく似た点がある。というのは、チョムスキーは、人間の脳の構造には「普遍的」方法が内蔵されており、それにもとづいてあらゆる自然的言語の「特殊的」文法が発生したのだし、またそのような本能的知識があることによって、子供は周囲の大人たちの話す一連の言語の論理的構造を認知するという、とうてい不可能と思われる離れ業をマスターすることができるのだといっているからである。この観点からすれば、言語の獲得は後天的な特殊的諸観念と、生得的な一般的論理体系との相互作用の所産ということになる。この生得的な論理体系がそれらの観念と調和するのは、まさにこれらの観念がまずもって一つの相同《ホモロガス》な体系によって生み出されたものであるからである。

ここにおいてわれわれは人類の進化の一つの特性に触れたことになる。人間はその子孫に遺伝的な特質のみならず、諸観念をも伝えるのであるから、人間に働く自然淘汰は非遺伝的な観念作用のレベルにおいても行なわれ、最適の観念を伝えるグループが生き残るように働くのである〔この関連で注意されねばならないことは、子供を育てる際に、ある観念が早く伝達されればされるほど、またその観念の感情的内容が高ければ高いほど、この観念の進化的伝達の安定度は大きいということである〕。かくして、両親の力への意志が早くから子供に伝えられることは、概して敵対的ともいえる現実の環境の中では、大きな適応的生存価値を持つことであったにちがいない。またこの伝達の安定化は、たとえばラ・フォンテーヌの『きりぎりすと蟻』といった寓話などによって、子供たちが自分の中に吸い込む社会的エートスの中に、この力への意志を織り込むことによっても、確実なものとされる。好奇心、野心、想像力といった諸属性の開発を助成しつつ、力への意志は、人間に同じ仲間の他の人間たちを支配するための心理的な必要手段を与えたのであった。

実際、理性的思考の根源も、外的世界の出来事を支配せんとする意志のうちにあるもののように思われる。というのは、因果の連鎖を設定することによって、外部世界の出来事を解釈するという考えは、人類の進化全体においてもっとも適応性の高い観念の一つであったにちがいないからである。しかしながら、直ちにここでわれわれは、力への意志に負のフィードバックを及ぼしうる理性的思考の一つの自己制限的な所産を指摘することができる。それは、神の意志がこの因果の連鎖の一部をなすという観念である。外界の出来事に対する神の関与が大きくなり、神の意志への人間の意志の影響力が小さくなればなるほど、力への意志の働きうる余地は少なくなる。この宿命論的な知的短絡が次第に指導権を確立してきたことによって、エジプトやビザンティンのごとき初期の神政制的文明におこったかにみえる、力への意志の弱体化がもたらされたのではないかと考えられる。基本的な人間的欲動の実現の仕方は事実、進化に従属しているということ、よくいわれる「人間本性」の恒常不変性なるものはいつわりであること、これはすでに百年以上も前にニーチェやハーバート・スペンサーによって認められていた。それ以後における比較民族学の研究成果は、非遺伝的な観念作用のレベルでの人間の適応のプロセスをじゅうぶんに明らかにしてきている。そしてさらに明白なことをつけ加えれば、観念作用上の適応が、淘汰の諸条件中の変化に応じうるスピードは、遺伝的適応のスピードよりもはるかに大きいことを注意したい。なぜなら、DNAヌクレオチドの塩基配列で決定されている遺伝情報とはちがって、観念が獲得されたり失われたり、また人々の間に伝播したりするのは、はるかに容易であるからである。

一万年前のファータイル・クレセント（肥沃三日月型地帯）での文明の勃興とともに、力への意志の行使をより高い創造的活動の領域に昇華することが可能となった。その主要な関心はもはや次の食事の問題である必要がなくなったのである。この昇華された力への意志を行使することによって、外的な出来事の操縦それ自体が自己目的となった。ここにおいてもはや自我はたんに生理的欲求を満足させることだけで成功とはみなすわけにはいかなくなり、うまく外界に初期の変化をもたらしえたかどうかで評価するようになる。そしてこの昇華作用はついに、シュペングラーが**ファウスト**的人間と名づけたところの基本的人間類型をつくり上げるに至る。ファウスト的人間の力への限りない意志は、存在の本質そのものともいうべき自分の心に対する障害や葛藤にうちかつために、世界との無限の戦いをするように運命づけられていると考える。かくしてニーチェの力への意志の形而上学がファウスト的人間の哲学となるのである。ファウスト的人間は無限を求めて努めるので、**決して**満足することがない。かれは生涯にわたって生長発展をする人格を授けられている。なにしろファウスト的自我はいかなる成功にも満足を見出すことがなく、やむことなく外界に対する活動によって自我の満足の実現を求め続けるからである。以下のわたくしの論述では、力への意志の縮図ともいうべきファウスト的人間を、歴史を動かす創造的な原動力であるとする、シュペングラーの性格づけを採用することにする。

同一の社会でも各個人個人のもつ力への意志の程度はそれぞれ異なっている。その差異は大部分、子供を育てる際の環境と方法の多様性に帰せられる（しかし、先天的な生理的変異も、これらの差異に一役買っていることも疑問の余地がない）。この差異に関してオルテガ・イ・ガセットは次のようにいっている――「人間に関するもっとも根本的な可能な区分は、これを次の二つのクラスにわけることである。すなわち、一方には数々の困難や義務をつみ上げて、自分自身に多くのものを要求する人々、他方には自分に対してなにも格別なことを要求せず、生きることは今までの自分のままでいることだとして、完成に向っての努力をなんら自分自身に課すこともなく、波間にただようブイのようなものでしかない人々」。個人がその力への意志の強度によって差異ができるように、社会もその成員の間での力への意志の強度と分布の仕方によって差が生ずることになる。この場合、その強度に影響するもっとも重要な要素は、経済的な不安定の認知がどの程度まで、それぞれの社会のエートスの一部をなしているかということであるように思われる。現存の経済的不安定が大きければ大きいほど、各個人の生存のためには外的な出来事へのより大きな支配力が必要とされるという明白な事態を指摘する以外に、上記のおそらくはマルクス主義的な見解をじゅうぶんに正当化するすべをわたくしはまだ知らない。だからして、この当り前のことが両者や教育者によって理解されれば、それが強い刺激となって力への意志の伝達こそ子供の養育上の重要な一要素だということになるであろう。このような姿勢は、幼いころには叙事詩や民間説話やお伽話などの成功物語的な教訓を何回も聞かされることで、また大人になってからは現実の世界のいろいろのことにぶつかることで、さらに強められることになる。しかし、注意したいのは、こうした考察から自動的に、欠乏状態にあるような社会では力への意志をもっとも多く発展させるのは貧乏人の子で、もっとも発展させられないのが金持の子だということになるのではないということである。第一に、貧乏人の子も金持の子も、ともにその社会のエートスを吸い込んでいる。第二に、金持の中には、平均以上の強い力への意志を持っているがゆえに金持となり、また金持であり続けるものもあり、自分の子供たちをもこの性質の影響にさらしていることもある。他方また、金持の子孫にしばしば見られる放縦なろくでなしは、この力への意志の伝達の失敗から生**れた**と考えられる。いずれにしても、力への意志の**適応上の価値**は、経済的不安定があらかた消えてしまったような環境においてはいちじるしく減少することであろう。

初期文明の中で、力への意志の減退が経済的原因によって生じたと考えられ、またビート族との類似性という点でいま特に興味深く思われる一つの例は、十七世紀中国、清朝における禅仏教の開花である。清朝を通じて中国は、人類史上かつてないほどの国内治安と経済的安定をみるにいたった。このような状況の中で、外的世界に対する力によってではなく、内向的なプロセスによって自我を実現することを力説する反ファウスト的哲学が出現したことは、経済的不安定が力への意志の保持、さらにはファウスト的人間の存続のための重要な一因であるとする考えに、強い支持を与えるもののように思われる。西洋の社会において十九世紀に始まったファウスト的人間の没落は、産業革命のもたらした経済的成果により、ヨーロッパおよびアメリカに自由主義的デモクラシーがおこってきたことにともなう社会的帰結として生じたといってよい。ブルジョワ社会の市民たちに与えられる安定度が高まるにつれて、大人になってからの力への意志を生み出すもととなるはずの子供のころの養育環境がだんだんと侵食され弱体化し始めた。

西洋の人間の動機づけ上の体質がこのように漸次変化してきた最初の兆候の一つは、ロマン主義の没落である。十九世紀初頭にロマン主義は、ショーペンハウアー、ゲーテ、ベートーヴェンの諸労作においてファウスト的人間を終局的に神の座に祭り上げたのであった。十九世紀の後半には、外的世界の障害物に対し力への意志を行使する自由な能動者というロマン主義的な自我概念は、キルケゴールやドストエフスキーの諸著作にみられるような、内部指向的な自我への探究に道をゆずりつつあった。それとともに、自由放任の資本主義における素朴な個人主義をかざすファウスト的理想像は、徐々に反ファウスト的な社会主義という福音に道をあけつつあったのだ。この社会主義の福音のもとでは、個人は主として階級の一員たることによって自己の存在が確められ、階級闘争の弁証法の中で自分の役割をやりとげる以外に自由は持たない。しかし、知的前衛のこうした反ファウスト的な哲学的・政治的観念は、新しい泉の水をまずひと飲みしたにすぎなかった。とにかく、これらの著者たちが自分の仕事を創造できたのは、なおかれらの体質の中に一つの大きなファウスト的要素をとどめていたからにちがいない。第一次世界大戦後にはヨーロッパにおけるファウスト的人間の没落はいっそうはっきりしてきた。「デカダンス」を語り「西洋の没落」を口にすることは、両次大戦間のヨーロッパ・インテリゲンチャの時代精神《ツァイト・ガイスト》の一部となった。この一般的な知的風土は、歴史を諸文明の勃興と没落の非情なくりかえしという立場からみるシュペングラーやアーノルド・トインビーの歴史観に豊沃な土壌を提供した。けれども、大不況によってもたらされた経済的不安定の再来、ファシズムの勃興によってもたらされたバーバリズムへの逆転――文明生活の退行の**事実上の**到来――は、一時的にそうしたヨーロッパの「世界苦《ヴェルト・シュメルツ》」感情を吹きはらってしまった。ところがアメリカにおいては、生活水準はずっと高いにもかかわらず、全般的な経済安定感はヨーロッパほどにはっきり感ぜられず、そのため第一次世界大戦後でも切迫した没落感はヨーロッパのように広まることがなかった。一九三〇年代後半の大不況の終結とともにようやくアメリカでは、連続的な繁栄の時代が始まり、それは戦後の豊かな社会という形で絶頂に達した。ニューディール、第二次世界大戦、そして技術の進歩によって一般的生活水準は未曾有の高さにまで高まり、経済的生存競争という妖怪は消え失せた。経済的福祉はいまや当然のことと考えられた。経済的状況におけるこうした変化は社会のエートスのうちにそれに対応した変化をひきおこし、成功の観念はしぼんでしまった。このエートスの変化によって、その状況下に養育された第一世代の人々の力への意志がぐっと減退することになったのは誰の目にも明らかだと思われる。その第一世代こそビートの世代なのである。数年後、戦後の再建に続く豊かな繁栄がヨーロッパの若者たち——西側の資本主義諸国でも東側の社会主義諸国でも——の行動の動機づけの面で同様な変態をもたらしは始めたように思われる。

ここまでくると、われわれは進歩の内部的な矛盾というものを感知することができる。進歩はファウスト的人間の活動に依存するものであり、ファウスト的人間の主要動因は力への意志という観念である。ところが、進歩がじゅうぶんに達成されてすべての人々に経済的安定という状況が与えられることになると、その結果として出てくる社会的エートスは、養育時に力への意志を子供に伝達することを妨げる働きをし、かくしてファウスト的人間の発展を停止させてしまうのである。したがって、この内部的矛盾は進歩における負のフィードバックの一要素を具体的に示している。この進歩における内部的矛盾に対する形式的には類似した分析をオルテガ・イ・ガセットはしている。かれはファウスト的人間を進歩の主動因であると認め、経済的安定によってファウスト的ならぬ大衆的人間が指導権をにぎることになると信じた。オルテガ・イ・ガセットが展開している考察は、一八、十九世紀におけるファウスト的人間の努力の異様なまでの成功の累積が非ファウスト的な、非創造的な大衆に二十世紀をひき渡すことを許したというのである。つまり、経済的繁栄と、たとえば人権といった初期のファウスト的指導者たちによって広められた自由主義的な諸観念との結びつきによって、非ファウスト的な大衆が力を与えられたわけである。かつては身分の低いものとして素直に自分の劣等性を受け容れていた大衆が、衆愚政治を行なうことで、いまやその恩人であるファウスト的人間を窒息させてしまったというのである。もちろんわたくしはオルテガ・イ・ガセットの議論の貴族主義的な構成には賛成しないけれども、その結論の中味は本質的にはここで明らかにしようとしているものとまったく同じである。

かくしてわたくしは進歩に関する第一の一般的結論に到達する。すなわち、進歩とはその本性上、まさに力への意志に依拠するものであることによって、「自己制限的《セルフ・リミティング》」なものであるということである。進歩が現実化してくるとその結果として、力への意志の適応的・進化的な価値と、同時にそれの伝播に必要な社会心理学的諸条件の両者を縮小させてしまう。ビート哲学の勃興は、進歩のこの自己制限性をわれわれの目の前に非常に明白に示しているので、進歩がやがてそのまま停止してしまうであろうという結論をしないわけにはいかない。

進歩はいまや終点に近づきつつあるという主張に直面すると、多くの人々は、歴史をふりかえると、もうこの時代以後はいかなる進歩も可能ではないと主張する視野の狭い誤れる予言者がいつもいたという事実を指摘して、この考えを払いのけてしまうようである。おそらくこれらの人々の考えているのは、昔シュメールに「われわれが車輪を発明したからには、進歩はいけるところまでいきついたのだ」といった人があったというようなことであろう。過去の誤りは現在の予言の健全さと論理的に無関係のことであるが、それは別としても、進歩の終末という誤った予言が昔からあったというのはぜんぜん正しくない。なぜなら、歴史はよりよき世界への運動を具現しているという進歩の観念そのものが生れてからほとんど二百年も経っていないからである。だから、進歩が終末に近づきつつあるという最初の主張が現われたのは、それよりもっと新しいことでなければならない。

進歩の観念についての権威ある歴史家であるJ・B・ビュアリは、進歩の観念は古代人には無縁のものであったと述べている。歴史のはじめに黄金時代があり、後の時代はどんどん悪くなっていくという古代人の信仰は、歴史の進歩観よりは退歩観を示しているものだ。この退歩観は時間を人類の敵であるとみなさしめ、安定を尊び変化を歎く古代の保守主義を生み出した。中世のキリスト教哲学も同じく進歩の観念とは両立しがたいものであった。それは、最後の審判の日まで、人間の現世における努力の目標は、彼岸における救済のためであるとしたからである。最後の審判の日に神は黄金時代を回復するであろう。この黄金時代に向っての人間のいかなる自力の運動も、その原罪のゆえに問題外であるとされる。しかしながら、中世において最後の審判の日が予測されたこと自体、古代人の知らぬ一つの重要な観念を導入することになった。それが後の進歩の観念の基礎を与えたことになる。つまり、歴史には**よき**方向があるという観念がそれである。ルネッサンスの間中、進歩の観念はまだ発見されないままであった。なぜなら、ルネッサンスは古典古代を、理性が最高位にあって支配し、芸術が二度と登りがたいほどの絶頂に達した時代として祭り上げていたので、進歩の観念を養い育てることがほとんどできなかったのである。けれども、もう一つの重要な要素がここに生れた。それは、暗黒時代に見失われた自信というものが理性で回復されたことである。人間の努力には墓の彼方での救済以外にも目標があるのだという信念が地歩を得るにいたった。十六世紀における科学の興隆――とりわけコペルニクス革命――は、ギリシア－ローマの栄光の輝きを曇らすほどになり、十七世紀には現代が決して古代より悪くはないのだという最初の主張が現われた。十八世紀のフランス百科全書派の人々は、科学によってもたらされた知識の累積的拡大は人間の生活条件の改善を生み出すのだということを発見した。そしてついに、フランス革命の到来とともに、進歩の観念はコンドルセ侯爵によって包括的な定式化を与えられたのである。この観念は十九世紀思想の中心テーマとなり、マルクス、オーギュスト・コント、ジョン・スチュアート・ミルといった大思想家たちの労作に反映されている。一八五九年のダーウィンの『種の起源』の刊行に続いて、進歩の観念はスペンサーを使徒とする科学的宗教のレベルにまで押し上げられた。情け容赦のない進化のプロセスはつねに自然の改良のために働いているのだから、人間の条件もよりよき世界へのこの一般的運動の相伴にあずかっているというのである。こういう楽天的な見方が産業的諸国、とりわけアメリカにおいてきわめて広汎に信奉されるにいたったために、進歩はやがてその終点に達しようという主張は、かつて地球が太陽のまわりを回っているのだという主張がそうであったように、今日一般にはまことに異様な考えだとみなされているわけである。

さて、いまこそわたくしはより正確に進歩を定義すべき時である。いったい「よりよい」世界への運動とは真実には何を意味するのであろうか？ たいていの人は明らかに、よりよい世界とはより大きな**幸福**の世界であると解している。けれども、幸福についての意味のある量を測定をすることが不可能なことは明白であるから――中世の奴隷たちは現代の大都市郊外の居住者よりもより幸福であったか、またより幸福でなかったか？――この定義は進歩の信念を信仰の行為たらしめ、証明も反証もできないことがらとしてしまうことになる。したがって、この定義では、進歩の終末の到来を論議するには役に立たない。「より適切な」人間の条件への、「自然的な」ダーウィン的進化として進歩を定義することもここでの関連では役に立たないが、それは適切さという概念の性質が類語反復的なものであるからである。

進歩についてのもっとも意味深い定義は、その主動因そのもの――つまり、力への意志――をつかまえることによって与えられるように思われる。すなわち、「よりよい」世界とは、人が外的なできごとを支配するより大きな力を持っている世界、自然へのより大きな支配力を持っている世界、経済的により安定している世界のことである。この定義によれば進歩は否定しがたい歴史的事実となる。

さらにそれは、進歩が終るだろうという主張をも可能なものとする。なぜなら、外的なできごとを支配する力がもうそれ以上増加することはありえまいという主張は、たとえ真実ではなかったにしても意味の深い主張であるからである。それゆえ、この定義は幸福といったような人間の条件のごく内的な側面を包含するものではない。だからして、それはまったく道徳には関わりなく進歩を捉えているのであって、この観点からすれば核弾道ミサイルは火薬の砲弾よりも決定的に進歩しており、この火薬の砲弾はしかし弓矢よりも進歩しているということになる。

このように進歩の尺度として外的出来事への支配力に焦点を集めると、もっとも顕著な特徴の一つが容易に理解される。それは、進歩がたえず加速的に行なわれてきたということである。今日では、世界人口とか一人当り収入、旅行の速さ、世界のエネルギー消費、科学研究者の数、等々の自然支配へのさまざまな指標を、歴史的時間に対してグラフとして示すことは日常茶飯のこととなっている。そういうグラフはどれも決まって上向的な凹《へこ》みのカーヴを示している。古代エジプトの中期王朝から約三千年ばかりの間は、ごく低い数値のところでほとんど水平のままであり、それがルネッサンスの時代になるとゆっくりと上昇し始め、産業革命後にはさらに急角度で上昇する。そして二十世紀になるとほとんど垂直に上に伸びてゆく進歩の加速的性格は、いろいろな発見がなされる頻度の増大に注目するという方法でも知ることができる。たとえば、約五万年前にはじめて火が利用され始めた後で発見された無生命的エネルギー源のことを考えてみると、次のエネルギー源である水力が利用されるにいたるまでには四万五千年が経過せねばならなかったのだし、風の力が利用されるようになったのはそれから約三千五百年後である。その後三百年ばかりで蒸気の力が発見され、内燃機関は約百年でそれに続く、そして核エネルギーが利用可能になったのはわずかそれより四十年あまり後のことであった。あるいはまた、二千年前にギリシア人によって、はじめて自然力の概念が定式化された以後における自然力の発見史を考えてみるならば、重力が発見されるまでには約千七百年が経過し、その後二百年ばかりで電磁気の発見が続き、さらに五〇年後には核力が発見されたというわけである。

こういう進歩のダイナミックスと歴史を理解するうえでのそれの重要性は、六〇年ほど前にヘンリー・アダムズの「加速の法則」によって明らかにされた。アダムズは、十九世紀には、世界の石炭産出によって利用された力、したがってそれから推論される進歩の比率は、十年ごとに倍増したと述べている。十五世紀のはじめから十八世紀の末までの間は、進歩の比率が倍増する期間は、二五年から五〇年かかったとかれは判断している。しかし、アダムズが指摘しているように、この倍増に要する期間を実際に正しく確定することは、加速の事実そのものを認めることに比べればさほど重要なものでない。この進歩のダイナミックスを未来に投影すれば、西暦二千年に生きているアメリカ人にとっては、「十九世紀は四世紀と同じくまだ幼児的な平面に立っていることになり、知識が少なく力も弱かったのに、どうしてあの時代はあれほど多くのことをなしとげたのかとただいぶかしく思われることになるであろう」と、アダムズはいっている。しかしながら、二十世紀には新しい社会的な心が必要とされるであろう。なぜなら、「これまでの五千年ないし一万年の間は、心はうまく反応してきた。――けれども今度は跳躍しなければならないであろう」から。

　このような加速の力学は自然科学にはよく知られている。それは一般に正のフィードバックの要素を含む反応によって説明される。すなわち、これまでの進歩の反応が大であればあるほど今後の進歩は一層急速になるということである。細菌培養の場合の増殖がこのような反応のもっとも単純な一例である。培養される各細菌はそれ自身が生れてから半時間後に二つの娘細菌になる。そして毎分生れる細菌の数は、すでに存在する細菌の数に比例する。したがって細菌の増殖率は各世代ごとに倍増することになる。進歩ということの中に体現されている正のフィードバックの要素は明らかに、すでにわがものとされている力が多ければ多いほど、外界を支配するより大きな力を獲得しうる率が大きくなるということである。ところで、もし歴史が進歩の運動としてみられるならば、歴史もまた暦の時間との関係において加速しつつあるわけである。

　まさしくこの暦の時間との関係における（また人間の心理的時間との関係における）進歩の加速こそが、進歩の観念が決定的に生れるにいたったのは歴史上のいつかという正確な時点を説明するものである。古代、中世、ルネッサンスを通じて、進歩の速度はきわめてゆっくりとしていたから、一人の人が死んで去っていくときの世界は、生れて入ってきたときの世界とそんなにちがったものではなかった——たとえその人個人なり社会なりの運命にかなりな変化があったにしても。実際、目につくような変化があれば、それは多くの場合、戦争や疫病の惨害といったような、より悪くなる方向のものなのであった。もちろん、いつでもなにほどかの進歩は行なわれていた。けれども、その進行はきわめてゆっくりしたものだったから、一生の記憶のうちでは事態はいつも昔のままであるか、あるいは悪くなったかのようにみえた。だからして、古典古代においては歴史的悲観論、中世においては死後にのみ救いを求める期待、そしてルネッサンスにおいてはギリシア－ローマの栄光へのノスタルジアが時代思想を支配していたことは、遠い昔の時代には各個人が進歩を経験することが不可能であったということで説明される。だが十八世紀の末になってついに「等価点」に到達した。いまや一人の人の一生の間に、アメリカ革命、フランス革命、産業革命などが人間の条件におけるめざましい社会的・政治的・経済的な改良をもたらしたので、進歩が個人の経験しうることがらとなるにいたった。その「等価点」以後一世紀半を経過して、進歩はいぜん加速度を加えつつある。それで、今日八十歳の人の記憶の中では世界はまったくもとのおもかげもないほどに変化してしまっている。

しかしながら、連続的な加速をもたらすところの進歩の**正の**フィードバックという点そのものの中に、現実には自己制限をおこすという要素が含まれている。というのは、進歩には**何らかの**究極の限界が存在する、つまり人間が自然に対する支配権を獲得し経済的に安定しうる程度には何らかの限界が存在するということは**アプリオリ**に明白なことと思われるので、この限界がますます早い速度でせまってくることになるからである。もちろん、進歩の限界を定量的に示すことは困難である。なにしろ人間が自然に対する支配権を獲得した度合は一つの変数によっては表わすことができない。しかし、もし世界の人口とかエネルギー消費量、一人当りの収入、旅行の速度、等々、進歩の速度を適切に評価できると考えられる変数を一つ一つ検討してみるならば、そのどれもがある一定の限界を越え出ることができないという結論に到達せざるをえない。そしてアダムズにしたがえば、進歩の倍増時間の実際の長さがどうであっても、加速そのものの事実を認めることに比べればそれほど重要でなかったように、さまざまな進歩の指標の実際の大きさがどの位かということは、限界そのものの存在を認めることに比べればそれほど重要なものではないのである。この事実を評価するためには、アダムズの加速法則を半対数グラフで描いて考えてみるとよい。このグラフにおいては、縦軸上の距離は進歩指標の大きさの対数に比例し、横軸上の距離は暦の時間に比例してとってある。曲線は、アダムズによる世界のエネルギー消費量の指数から評価された、進歩の倍増時間にしたがってひかれたものである。現在（西暦一九六〇年）の指標のレベルは1.0に置かれているが、これは0.00001の基線（紀元前一〇〇〇年）からすると十万倍の増大であることを示している。この曲線を未来へ外挿すると、考えている変数の予想される限界は、歴史的時間上の短期間に到達されるであろうことが示される。変数の1.0という現在のレベルが究極の千

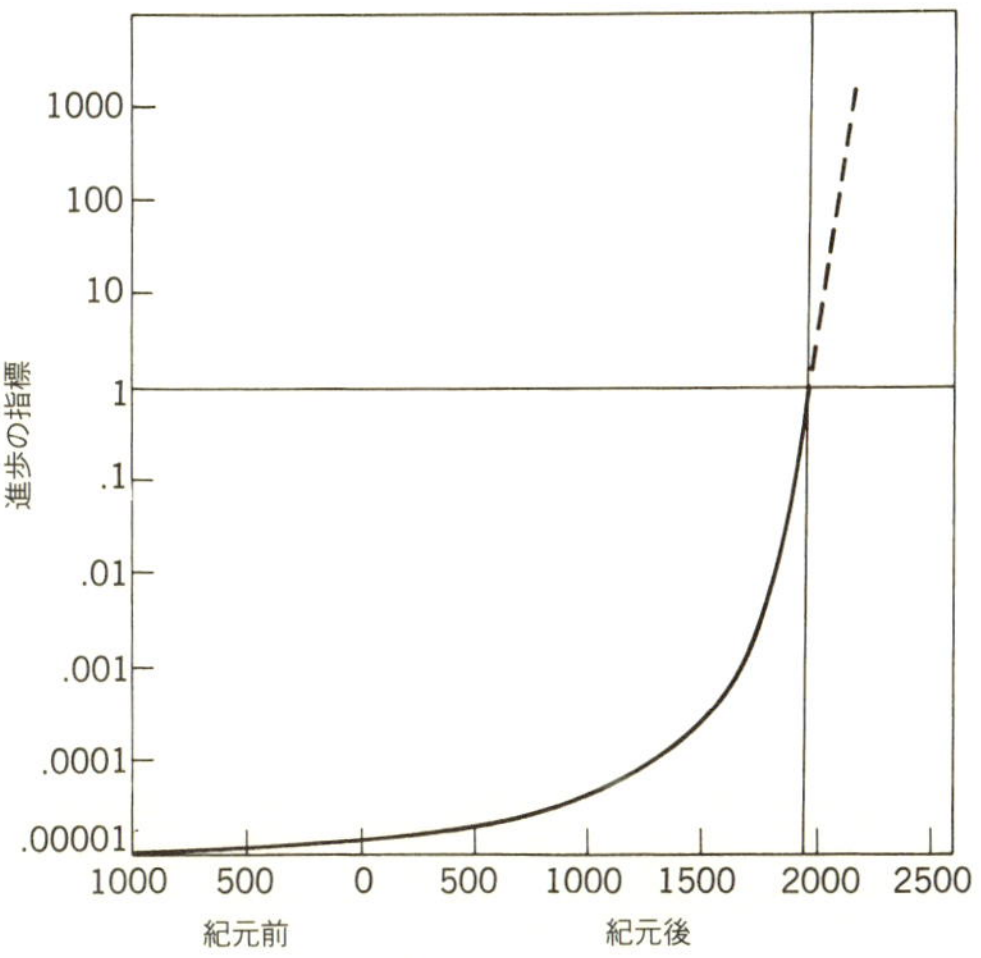

ヘンリー・アダムズの進歩の加速法則図表

分の一でしかないにしても、その限界までは二一六〇年には到達してしまうことになる。そして、たとえ変数の加速率が世界のエネルギー消費量のそれよりもかなり小さいものであったにしても、やはりその加速の事実からして、合理的に予測される限界が数世紀内に到達されるということになるであろう。ここにおいてわれわれは進歩に関する第二の一般的な結論を得る。すなわち、たしかに過去において進歩がありはしたが、その加速の力学を考えれば、進歩が未来においても、いつまでも人類史の永続的な特色となることは不可能だということがわかる。実際、今日進歩が行なわれているすさまじい速度からすると、進歩がやがて、おそらくはわれわれの生きているうちに、あるいはもう一、二世代のうちに停止することになるにちがいないということは、おおいにありそうなことと思われる。

最後にわれわれは、一般的にはボヘミアン、特殊的にはビートニクの現象にもう一度手短かに触れてみたい。第一に、もうここまでくると、ボヘミアニズムがどうして十九世紀にはじめて出現して、それ以前にはでなかったのかが明らかになったといってよい。それは、十九世紀になってはじめて進歩の恒常的加速が急ピッチになり、重大な社会的・政治的・経済的な変化がたんに目立ってきたというだけでなく、それが一般に精神的・文化的に同化できないほどの早さでおこってきたからだといえる。したがって、進歩のおこした世俗的成果に対する習俗の適応はもはや必要なスピードでは行なわれえなくなり、これらの習俗が属していると考えられる状況と現実世界との間の不一致はますます大きくなっていった。要請されている人間の条件と、現実の人間の条件との合致の欠如は若者において特にいちじるしい。それはたんに**かれらの**精神が、年長者の幼年時代の環境よりも現在にずっと近い状況の中で発育したからなのである。それゆえ、進歩がもたらした変化を進んで評価することのできるもっとも敏感な若者たちは、年長者たちが形づくった社会からきわめて容易に疎外されるにいたり、こうしてボヘミアンになろうとすることになる。その社会の習俗がついにこの新しい状況に追いついたときには、もう中年になったかつてのボヘミアンたちの態度はもはや他の人々となんら異なるところはない。かれらは「復帰《リハビリテイト》」しているのである。もちろん、その間にも進歩は、まだ同化されえない変化や道徳的パラドックスをさらに生み出していたわけで、それを感知した第二の若いボヘミアンの世代がでてくる。したがって、ビートニクをこの疎外の連鎖の中のもう一つの環を表わしているものとみなすことはもっともなことである。その疎外の連鎖は進歩の速度と人間の生涯との等価点に到達した十九世紀の後半になって始まったものなのである。第二に、われわれはいまや、どうしてビートニクが現在を理解するうえにきわめて重要な意味を持つ現象であるかを知った。そのビート的態度のゆえに、ビートニクが大したものになることはあるまいとか、かれらの先輩であるボヘミアンとは異なり、なんら持続的な価値あるものを創造することはないだろうとか、それゆえ未来になんら重要な効果を及ぼさないだろうし、今日はあるが明日には消え去るたまゆらのものでしかないだろうなどという結論をするのはあやまりである。反対に、ファウスト的人間を歴史の舞台から退場せしめることによって、ビート哲学は、人間が今後の黄金時代に生き続けてゆくために必要な、人間の心の根本的な切り換えの道を開いたのである。

ベルリン・フィルハーモニー，ハンス・シャロウンの建築（Hans Andres Verlag, Hamburg).

六　芸術と科学の終り

これまでわたくしは、進歩がわれわれの時代に停止するだろうという信念を導いた二つの、多かれ少なかれ独立の論拠を挙げてきた。一つは心理的な性質のもので、これによれば、進歩の世俗的帰結である経済的安定へ近づくことは、力への意志の非遺伝的な伝達にはじゃまになるので、最後には進歩に歯止めをかけることになるはずだということになる。この論拠に照らすと、ビート族の出現は、力への意志に作用する、進歩の負のフィードバックがいまや大規模にその効果を表わしたことを意味すると解釈される。もう一方の論拠は力学的なもので、これはたえず増大してゆく進歩の速度に関係する。というのは、もしも進歩に**なんらかの**限界があるということが**アプリオリ**に当然のことであると考えられるならば、この限界にますます早いスピードで接近しつつあることになるからである。進歩の速度は、いまやきわめて早いものとなっているから——人間の条件における異様なまでの変化が一人の人間が生きて記憶していられるほどの間におこっている——進歩の限界を、これまでに達成されたことをはるかに越えた、近々には到達されそうもないほどに遠いところに想定することは困難だと思われる。この二つの論拠のうち、明らかに後者の方が力が弱い。なぜなら、それは現在の進歩の速度が、人間の一生ほどの時間に究極的限界へ接近しそうにみえるほど実際に早く進んでいるという印象にもとづく知見に依拠しているからである。わたくしはここに第三の論拠を挙げようと思う。それはまったく独立の論拠であって、その究極の限界なるものが、進歩のもっとも重要な指標と一般に考えられているもののうちにすでに認められるということである。その指標とは、ファウスト的人間の昇華した力への意志や努力が最高の表現を見出すところの芸術と科学とである。

芸術の現在の状況に対してなにかおそろしく間違ったことが起こっているようだというのがごくふつうの反応である。アクション・ペインティング、ポップ・アート、チャンス・ミュージックといった今日の現象は、芸術の現状に対して広汎な不安をひきおこしつつある。そしてこうした不安はたんに一般の人間だけでなく、芸術家社会自体の有力筋の間にも存在しているように見える（たとえば、ルイス・マンフォードは最近こう書いている、「今日のノン・アートの流行であるオップとかポップとかの形態は……溢れ出るばかりの創造性……に似ていなくもないが、これは計画された放屁の音がパーセルの独奏トランペット前奏の音に似ているというようなものだ」と）。多くの人々は、芸術はどうやらいき止りの道に入り込んでしまったようだとか、なにか未来があるのなら現在の方向から脱出しなければならないとか、感じている。わたくしがここで展開してみたいと思うテーマは、こうした近来の奇怪な芸術形態が過去の傑作からの自然的な継続として生れたものであるかぎり、その脱出口はあるまいということである。悪い方へ曲ったというのではなく、芸術ははるかな有史前の過去に始まって以来、ただ単に一方通行の道を下って（あるいはむしろ、上って）きただけなのだ。この点を明らかにするために、この一方通行の道に、方向指示の矢印を与えている一つの明瞭な歴史的傾向に注意を促したい。つまり、芸術の進化がおこってゆくにつれて、芸術家はその創造的表現の媒体に働きかける方法を規制している厳格な規準《キャノン》から、ますます解放されつつあるということである。この進化のゆきつく最終的結果として、ついに現代において芸術家はほとんど全面的に解放されてしまった。ところが、芸術家がほとんど全面的な表現の自由を得るにしたがって、その作品を鑑賞するのに、非常に大きな認識上の困難が生じてきたのである。見分けのつく規準がないということは、鑑賞する側に、芸術家の創造活動をほとんどでたらめなものと思わせることになる。いい換えれば、自由への一方通行の道を進んだ芸術の進化は、自己制限という要素を含んでいたのである。すでに達成された自由が大きく、ある芸術のスタイルが受け手に対してでたらめなものにみえるようになればなるほど、後に続くスタイルが先行のスタイルとどこかはっきりちがっているとみることができにくくなってゆく。ここで、芸術の進化を支配するこの傾向の根底に横たわる、わたくしが情報理論的、心理学的な理由と考えるものを手短かに要約してみよう。この論拠は、スザンヌ・K・ランガー、ウィリー・サイファー、レスリー・A・フィードラー、それからとくにレナード・B・メイヤーといった著者の作品から集めてきたものである。さらに、後で認識上の自己制限という同じ要素が、科学の進歩にも明らかに含まれていることを示すが、この制限の存在は最近になってようやくはっきりしてきたものである。

議論を始めるにあたって、芸術も科学も世界に関する真理を発見し伝達しようとする活動だという伝統主義的な主張を述べておこう。こうした努力が可能となったのは、人間の心の進化過程でのはるか昔の、もっともクリティカルな段階でのことであった。この段階で人間は意味機能《セマンティック》をもつ動物となった。つまり出来事のシンボル的表示という強力な観念を手に入れたのである。芸術が話しかけている領域は情緒《エモーション》という内的・主観的な世界である。それゆえ、芸術は主として感情的意味をもつ私的な出来事の間の関係にかかわることを述べることになる。これに対して科学の領域は自然的現象という外的・客観的世界である。それゆえ、科学は主として公的・一般的な出来事の間の、あるいはその中での諸関係にかかわることを述べることになる。このように二つの領域に区分されるといっても、受け手にとって、芸術のいっていることがかならずしも客観的な意味を欠いていることを意味しはしないし（たとえば、カナレットの絵画はかつてのベニスの社会的出来事についての情報を与える）、また科学的陳述がかならずしも感情的な意味を欠いていることを意味しはしない（たとえば分子遺伝学のセントラル・ドグマはパラドックスを期待する騎士たちに失望を与えた）。いずれにしても、このような伝統的な立場からすれば、情報とその情報における意味を感知することとが芸術と科学両者の中心的内容なのである。だから、われわれが芸術と科学とにおける進歩について語るとき、われわれが真に言及しうるのはただ一つのこと、つまり進歩は芸術的、科学的陳述の意味のある総体が増大するかぎりにおいて生ずるということだけである。したがって、芸術および科学における進歩は、意味のある陳述の蓄積された資本をそれ以上大きくし続けることがだんだん困難になったときに、その終りに到達することになる。

はじめの芸術の起源は、いまだ芸術ではなかった。たとえば音楽は、おそらくその最初の根源は、仕事や儀礼をリズム化し神経を刺激するために、声とか打楽器の音を組織化することにあったのであろう。この段階においては音楽はいまだ芸術ではなかった――原初的な叫び声やぶうぶういう声が言葉でなかったのと同様に。なぜなら、その音楽にはまだ意味的機能が欠けていたからである。音楽的形式のシンボル的使用が徐々に発達してはじめて、音楽は芸術となるにいたった。芸術と科学の領域を二分する図式においては、音楽は芸術のうちで「もっとも純粋な」ものであるように思われる。音楽は外界について述べるところがもっとも少ないし、したがって科学とオーバーラップすることがもっとも少ないものであるから。視覚的ないしドラマ的な芸術のモデルとして用いられる視覚的印象あるいは原型的《プロトタイプ》状況がひじょうな多様性をもっているのに比べると、音楽のテーマ的内容はきわめて少数の「外的」なモデル――とりわけ鳥の鳴き声、蹄の音、雷雨など――しか持っていない。実際、音楽は容易に外的モデルなどはなしですますことができるので、それを正当に扱うことはどっちみちできなかった。それゆえ音楽の内容は、必然的に他のどのような芸術形式よりも純粋に感情的度合が高い。その表現するものはほとんどもっぱら内的な出来事に属する。音楽のシンボル作用が自然界にあるものをモデルとしないですますことができるのは、ランガーによれば、「人間の感情の諸形式は、言語の形式よりも音楽の形式の方にずっとよく合致するからであり、音楽は、言語では近づくことができないほど詳細かつ真実に、感情の本質を明示することができるからである」。したがって、音楽は言葉ではいえないことを伝える。音楽は「言語とは共通項を持たず、イメージや身振りのような表象的シンボルとさえ公約数を持っていないのである」。外的な出来事を表示しようとする標題音楽は、実はこの法則を証明している一つの例外ともみてよい。一般に標題音楽はどちらかといえば、低い芸術的価値しか認められないものなのであるから。

われわれの知覚する調音の時間的連続からいったいどうしてシンボル的な意味が生じてくるのであろうか？　メイヤーによれば、「音楽的な意味が生れるのは、パターンの継続に対する蓋然的なモードを〔聞き手に〕見定めさせることを要求する〔調音の連続の〕先行状況が、後続するものの時間的・調音的な性質についての不確定感を生み出すときである」。この定義は、情報の性質についての一般的考察から得られたものである。ある出来事に含まれている情報量は、先行する状況が与えられた場合に、その受け手が期待するその後におこりうる選択的な出来事の数が多ければ多いほど、高くなる。もしその状況がきわめてしっかりした構造を持っていて、それから生ずるある出来事に対する受け手の期待がひじょうに高いならば、その情報内容は低いものとなる。しかし、ある出来事によって与えられる情報の**意味**は、過去および未来の出来事に関するその情報の評価からひき出される。つまり、ある出来事が意味を持つためには、その出来事のおこることがたんに不確定であったというだけではなく、それに先行する状況の諸帰結についての確率的評価をも修正できるものでなければならない。かくして、意味のある音楽作品が展開されるとき、聞き手はすでに聞いたところにもとづいて、次に耳にするであろうものに対して抱く期待をたえず修正しつつあるわけである。その全調音の連続の最終的な確率的連結が、聞き手の認知した音楽的形式、聞き手の知覚した構造なのである。

ところで、先行する調音の連続から、パターンの継続の蓋然的なモードを聞き手が見定めるという手続きには、かれがすでに耳にしたものから現に聞いている音楽の構成について推論した情報上のフィードバックの評価だけではなく、かれがそれまでに聞いた他の、それと似た構成のものについての経験から抽出された可能的な調音の連続を支配する統計的規則も入ってくる。そしてこの可能的な調音の連続を支配する統計的な諸規則とは、その音楽作品が構成・作曲された「様式《スタイル》」にほかならない。すなわち、聞き手は、作曲家がしたがっている様式的規準〔楽典〕をなにほどか知っている場合にのみ、実際にパターンの継続の蓋然的モードを見定めることができるのである。ここに出てきたのは重要な点である。作曲がもっとも意味深いものであるためには、いかなる聞き手にとっても様式的規準の厳格さの最適条件というものがあるということである。一方で、もしその規準が**あまりに厳格すぎる**ならば、次に現われる時間的・調音的連続の不確定感はきわめて小さくなり、その情報の無駄がきわめて多いことになる。したがって、聞き手はもっぱら、かれが終始聞くにちがいないと確信していたものを聞くわけで、かれのもとに運ばれる情報の効率はまことに低い。かれは先行するものについての自分の確率的評価を修正すべき理由をほとんど持たない。学ぶことはほとんどない。だから、その作品はほとんど意味を持たないことになる。ところが他方、もしその規準が**あまりにゆるすぎる**ならば、次に生ずる時間的・調音的連続についての不確定感はきわめて大きく、その情報の無駄はごく少ないものとなる。したがって、聞き手に運ばれる情報の効率はひじょうに高くなるであろう。しかし、新しい情報がかれに入ってくるスピードは、かれの「通信路容量《チャンネル・キャパシティ》」を越えてしまうであろう。特に、情報の無駄が少ないためにかれの推論の正しさをテストすることができない場合には、先行するものの確率的評価を抽出しうるほどに早くその情報を見定めることができないであろう。それゆえ、この場合にもまたその作品はほとんど無意味なものとなってしまう。だからして、音楽の作曲に聞き手が何か意味のある構造を知覚しうるためには、それがあまりに確定されてもいず、あまりにも不確定でもないような時間的・調音的連続でもって現われるのでなければならない。いい換えれば、作曲の様式の自由は聞き手の音楽的な洗練度にマッチしていなければならないのである。

　この情報理論的な考え方からすると、音楽の作曲における創造性とは、意味のある新しい構造的パターンを生み出すことであることは明らかである。しかしながら、われわれはここに、様式的規準が漸次ゆるやかになっていくという歴史的傾向の理由を認めることができる。意味伝達のための様式的規準の厳格さの最適度は、聞き手の洗練度が、以前に創造された有意味な構造の蓄積資本のおかげで増大してゆくにつれて、より自由度の高い方向に動いてゆか**ねばならぬ**ことは明らかである。はじめ音楽がただリズムのある歌、太鼓の音、また自然音の声による模倣などだけで成っていたときには、様式的規準はもっとも厳格であった。ほとんどいかなる作曲上の自由も存在しなかった。聞き手の洗練度は最小であった。意味のある新しい音楽的パターンを創造するためには、規準を少しゆるめる必要があった。しかし、たとえば少数の不自然な調音の連続を含むことを許すといった程度で、あまりにゆるめすぎてはならなかった。やがて、これが二つの帰結をもたらすことになった。その結果、聞き手の洗練度が高くなり、新しい意味あるパターンを創造する可能性が汲みつくされてしまった。そこで規準がもう少しゆるめられ（すなわち新しい様式が創造される）、新しい意味のあるパターンの作曲が可能となり、そして聞き手の洗練度がいっそう高められた。このようにして古代から中世、ルネッサンス、バロック、ロマン主義、印象主義の諸時代を経て現代の無調音的音楽にまでいたったのである。新しい、少し厳格さのゆるめられた様式の出現が聞き手の洗練度を高める、ついでその様式によって意味のある新しい創造をする可能性が汲みつくされる段階がくる、すると最後にもっと自由な新しい次の様式が出現することになる。ただここでついでに注意しておけば、二つの様式のうちで、より少ない、かつ（あるいは）より複雑でない規則によるものが必ずしもより自由な様式であるわけではない。明らかに、きわめて単純な少数の規則によってもきわめて厳格かつ無駄の多い様式が生み出されうるのである。

以上のことからひき出される結論は、音楽の様式はその原初的な起源からしだいに高度のレベルの洗練へと進化してきたということであろう。そうした進化の存在の推断は、人間あるいは音楽が必然的により高い目標へと進化していくものだといった目的論的見解にもとづくものではない。たんにその相互作用の情報理論的基礎を認めることから、おのずから出てきたのである。さらに、その進化の力学は、われわれがすでに進歩一般について確認したのと同じ不断の加速化を明らかにする。古典古代および中世の諸様式は何世紀も続いたが、ルネッサンスの様式の続いたのは一、二世紀の長さである。バロック時代とロマン主義の様式は数十年間で、印象主義の様式は十年か二〇年間、そして現代の諸様式は数年で次々と交替してしまう。このような加速現象は、一部は、世界人口の増加に対応する作曲家数の絶えざる増大を反映しているのかもしれない。その増大する集団的活動は、所与の様式での意味ある創造の可能性をどんどん汲みつくしてしまっている。もっとも、ただ数が多いということだけでは、もちろん創造性の率の高まったことを保証しはしない。だから、たとえばバッハというような一人の人の方が、かれよりも小粒な同時代の人々すべての集団的努力よりもおそらくかれの様式の可能性を汲みつくすにより強い力があったことであろう。そしてまた、様式の進化の加速を促したより重大な理由は、おそらく音楽的伝達の媒体の側の技術的進歩であろう。たとえば、音楽の記譜法の発明は、人間のきまぐれな記憶力に対して、音楽的資本の蓄積をついに確保した、きわめて重要な第一歩であったにちがいない。続く印刷術の発明は、潜在的な演奏者のためにその資本を広くいきわたらせることを可能にした。ついに蓄音機、ラジオ、ＬＰレコード、テープレコーダーなどの到来は、新しい作曲を莫大な聴衆の間に急速に伝播させることになった。このようにして聞き手の洗練度はどんどん高くなることができ、それが今度は様式の進化をさらに早めてゆくのである。

アルノルト・シェーンベルクを先駆とする音列《セリエル》音楽は、この進化の最近の段階を示すものであるが、それは決して最終的段階を意味しはしない。いまや作曲家たちはメロディやハーモニーの伝統的な命令によって課せられる一切の制限から解放されはしたが、その自由はまだ全面的なものではない。以前の古い規準は、一二音列というよりゆるい規則によって置き換えられたけれども、規則はいぜんとして存在している。しかし、いまや規則はゆるくなって、時間的・調音の配列でつくられる情報の無駄をずっと減少させる方向に進んでしまっているので、音列音楽を「学ぶこと」は、知覚する上ですでに困難な問題を提起している。前もって音列音楽の一作品を学んでおいても、そういう勉強が音楽認識という困難な仕事をマスターする点で、与えられる一般的訓練であるという以外に、次の作品を学ぶうえではまずほとんど役には立たないのである。だが、この進化的進歩の最終段階は、今日ケイジのような作曲家の実験音楽によって到達された。というのは、ここでは聞き手に音楽の構造の伝達を許すようなほとんどすべての規則が捨てられてしまっているからである。そういう実験音楽の一つのタイプのものでは、時間的・調音的な配列は、純粋な偶然によって——スコアを書くときの作曲家によってか、あるいはそのスコアを読む演奏家によってか——意図的に生み出される。したがって、形式は故意にでたらめにされている。またある別のタイプのものでは、作曲家は特定の観念を展開するとか最後の目標に到達するとかを企てることを意識的にさけ、ただ直観によって書く。だから、聞き手は自分の意のままに、その音楽から自分の欲するものをつくり出すにまかされる。その作品の中になにか構造を認めたとしても、それはまったくかれ自身の人格に依存するものなので、ちょうどロールシャッハ・テストにおけるインクのしみの解釈がその人の人格しだいというのと同じなのである。このような展開によって、世界に関する真理を発見し伝達しようとする芸術としての音楽は、その終点に到達**してしまった**ことになる。

それでは、これら実験音楽の作曲家たちはいったい何を考えているのであろうか？　かれらの活動の本性をさぐるためには、これら最近の芸術家の世界観が、理性的思考と結びついた伝統的なものとは根本的に異なることを理解する必要がある。メイヤーが**トランセンデンタリズム**〔超越主義〕と名づけたこの見解は、具体的・特殊的感覚経験が世界で見出される唯一の真理であると信ずる点で、禅仏教の教えに強い親近性を示している。これらの感覚経験の間に、あるいはそのものの中に、想像される因果関係を推論することにより現実を構成しようとするどのような試みも、存在の本質的な真理、すなわち宇宙の事実の一々が独自のものであるということを明らかにするよりは、むしろ蔽いかくしてしまうことになる。そのような信念の持主にとっては、聞き手に対する音楽作品の意味が時間的・調音的配列の確率的結びつきで知覚される構造から出てくるといった観念そのものが呪わしいものであることがただちに明らかとなる。超越主義者にとって、音楽はただ**そこに**あるものであって、いかなる分析的な脳作用もただ第一次的事実としてのその経験を妨害するにすぎないことになる。かくして芸術と自然とは合して一つとなる。音楽の音《サウンド》を聞くのと自然のもの音《ノイズ》を聞くことの間に質的な経験上の区別は何もない。したがって、実験音楽のトランセンデンタリズム的作曲家は、世界に関する意味ある陳述の蓄積資本になにも加えないばかりでなく、そもそもそのようなことをしようと考えることほど、かれの心から縁遠いことはないのである。かれのただ一つの目的は、聞き手の独自な感覚経験の総体を増させることである。

これまでの芸術論議は音楽の進化に焦点をしぼって、絵画、文学、詩、ドラマといった他の重要な諸領域の運命には何の考察も加えていない。この試論は、美的領域におけるわたくしの能力をすでに超えていると思われるので、わたくしは他の調音的でない媒体によって仕事をしている芸術家たちもより大きな自由に向っているのだという歴史的傾向を説明するために、同様な情報理論的論証をふたたび試みようとは思わない。けれども、受け手の洗練度のレベルに適応した厳格さのある与えられた様式の中で有意義な意味を創造する可能性が汲みつくされると、次にいくらか厳格さの少ない様式が発明される。このような受け手側の教育と、それによる様式の枯渇という弁証法が反覆されるプロセスは、本質的には非調音的な諸芸術にも同様に働いてきたにちがいないということはいっておいてよいだろう。いずれにしても、今日ほとんどすべての他の芸術形式も、実験音楽と同じく、その発展史上終局的ないし終局に近いと思われる段階に到達しているようである。つまり、非調音的な芸術が今日発展・展開させている様式は、それによって芸術家と受け手との間の情報理論的観点から意味ある伝達を行なうことが不可能でもあり、またそのように意図されてもいないようなものなのである。視覚的芸術に関していえば、この終局的なジャンルは、画家がキャンバスに絵具をたらしたり、はねかせたりするアクション・ペインティングのような様式に、また「手当り次第の」対象物の寄せ集め的コラージュや、キャンベルのスープのカンや連続漫画の複写といったようなポップ・アートに示されている。サイファーが指摘したように、これらの諸様式を統一する特性は、その作品に芸術家の自己が少しも反映されていないという、芸術家の匿名性である。そして実験音楽の作曲家と同様、アクションｌ・ペインターやポップ・アーティストは、世界についての新しい意味ある陳述をするためにその作品を形づくるのではない。かれはたんに受け手の経験的レパートリーを増し加えるだけなので、受け手の方がこれらの作品を好きなようにすることができるのである。芸術における同様に明白な終局的段階に、ドラマや文学も到達しているように思われる。この場合にはドラマや文学の媒体から、いかにして意味が生じてくるかを示すのに精妙な情報理論的分析は必要ではない。なぜなら、ドラマや文学の「言葉」は明らかに言葉そのものなのであるから。しかし、劇作家は一般に、自分自身の目的のために文法的な規則を操作してこなかったから、ドラマや文学は音楽や視覚的芸術において生じたことに比較できるような、伝達の媒体を使うことによる情報理論的展開をとげてはいない。その代り、芸術的媒体として言葉を利用する可能性はまったく消費しつくされてしまったように思われる。ドラマにおいては、この枯渇は不条理演劇とりわけウジェーヌ・イヨネスコの作品に反映されている。イオネスコは、現代では一切の言葉がきまり文句《クリシエ》となってしまって、もはや感情的意義のあることがらを伝達するに適していないことをはっきりと自覚した。それでこの不条理の劇作家は、実験音楽の作曲家やアクション・ペインターやポップ・アーティストと同じく、自分の作品をメッセージと見る考え方を放棄してしまった。不条理演劇の登場人物は意味のない単語を口にし、アイデンティティを欠いている。そしてその行動は因果的に結びつかず、何らはっきりした筋《プロット》をつくりあげることはない。役者の主要な機能は舞台にいること、**そこに**いることなのである。文学においては、小説の終焉は、アラン・ロブ゠グリエやウィリアム・バロウズといった作家たちの作品の出現で明白になった。かれらのアンチ・ロマンでは、構成というようなものはまったく消え失せてしまった。個々の文と節の間の合理的な結びつきはなく、性格もストーリーもない。フィードラーは、今日死滅しつつある小説が十九世紀におこったこと自身、文学の終焉への大きな一歩であったと指摘している。十八世紀の叙事詩的視点からすれば、小説はすでに反文学《アンチ・リテラチュア》であった。フィードラーによれば、それは「文学の形式的な標準にはかなうようにみせかけながら、実際には文学界に文学の範囲外の満足をそっと持ち込むことをやっていた」からである。「小説は知識を与え、喜ばせ、感動させるだけでなく、社会の神話の具体的表現でもあり、地下宗教の聖典としての用にも立っている。こうした後者の諸機能は前者とは異なり、なんら特殊的形式に依存するものではなく、ステンド・グラスの窓、連続漫画、俗謡、映画などたがいに無関係の形式を使っても、遂行されうるものである。しかし、まさしく小説のこの文化的**曖昧さ**こそ、小説を多くのレベルでかくも長い間ポピュラーなものたらしめた当のものであり、また同時にやがて死滅のもととなる緊張や矛盾をもつくり出したものなのである」。

実際、建築のようなきわめて科学に接近した実用的な芸術分野においてすら、今や様式の終末を暗示するものが認められるにいたったということは、注目すべき事実である。というのは、ここにおいても最近は、デザインの中にでたらめの要素が前面に現われるにいたったからである。もちろん、技術者として努力する場合、つまり崩壊することのない、しかもできればその特別な機能に役立つような建築を設計する際に、建築家は多くの、かなり厳格な規則にしたがうことを強制されている。けれども、芸術家、つまり美的真理の創造者としての努力においては、建築家の有意義な伝達のチャンネルもやはりその限界に近づきつつあるように思われる。たとえば、ハンス・シャロウンの新しいベルリン・フィルハーモニーの建物のようなでたらめな構造をみると、これはもう建築様式の最終段階に属する作品であるという感じを免れることは困難である。フィルハーモニーの建物はただ**そこに**あるのだ。過去においてはつねに根本的な様式変化をもたらしてきた革命的な新しい建築材料なり建築技術のいちじるしい発達も、この結論にたいした影響を与えないように見える。ただし、この場合は、それは建築家にさらにでたらめな、究極的には建築ではないものの設計に進む一層大きな自由を与えるかぎりにおいてということになる。

おそらく、ごく最近の発明にかかる媒体である映画は、まだその終焉がそれほどはっきりとは見てとれない数少ない芸術形式の一つであろう。その可能性は根本的に新しい様式を想像することが不可能なほどにじゅうぶん汲みつくされてきたようには思われない。多分この理由によって、映画が近年では演劇に立ちまさることになったようにみえるのであろう。

では、様式的進化がその発展の終点に到達してしまったいま、芸術の将来はどのように考えられるであろうか？　メイヤーの意見はこうである。「来るべき時代（実際にはわれわれがすでにそこにいるのでないとすれば）は、**様式上の停止**の時代となるであろう。この時代の特徴は、一つの基本的な様式の直線的・蓄積的な発展ではなく、まったく異なる多数の諸様式が変動しながら力学的定常状態を保ちつつ共存することである。……たとえば音楽においては、調音的なものと非調音的なもの、〈偶然《チャンス》〉と音列的な技術、エレクトロニックな手段と即興的な手段、これらすべてが利用され続けるであろう。視覚的芸術においても同様に、現行の様式や運動――抽象的表現主義や超現実主義、具象主義的芸術やオップ・アート、動力学的《キネティック》彫刻や魔術的リアリズム、ポップ・アートや非具象芸術――は、すべてが熱烈な徒党や支持者を見出すであろう。文学においては流派や技法はあまり明確に規定されることはないが、現在の態度や傾向――「客観」小説、不条理演劇、それとより伝統的な手法や手段――は存続していくだろうとわたくしは思う」。このように述べてメイヤーは、芸術家と受け手との間の意味ある伝達がもはや可能でもなく意図されてもいない現代向きのトランセンデンタリズム様式で仕事をしている芸術家に加えて、意味をもつより古い様式を使うことに固執する他の芸術家たちも共存し続けるであろうとみている。前者はもちろん意味ある陳述の蓄積資本になにものをも加えようとはしないけれども、後者は無限に加え続けようとすることであろう。そしてメイヤーは言う。「才能のある、よく訓練を積んだ現代の作曲家たちが、なぜ後期バロック様式のすぐれたコンチェルト・グロッソを書くことができなかったかという理論的あるいは実際的な理由はわからない。天才でなければ、その作曲はきっとバッハの作品にはるかに及ばないであろうが、おもしろさと優秀さでは、バロック期の小作曲家たちの数多くの作品に比べれば勝るとも劣らぬものになるだろう」。メイヤーによれば、過去の様式のそうしたアナクロニズム的な使用が、今日までなされることがなかったのは、独創性と創造性、因果関係と歴史などについてのわれわれの文化的信念からは、そのようなことをすることは堕落した、軽蔑すべき、不正直なことと考えられたからであった。しかし、これらの信念を捨て、その代りにトランセンデンタリズムの哲学を持ち込むことで、過去の時代の様式をむしかえすことに対する一切の障害がとり除かれてしまう、とメイヤーは続けている。

しかしながら、来るべき様式上の停止の時代には過去の諸様式を使用することが芸術のいっそうの進歩を可能にするとは、わたくしには思われない。メイヤーの論拠からすれば、バロック様式が捨てられるにいたった理由は、単にバッハがその創造的可能性を汲みつくしてしまったことだということになるであろう。そして、メイヤーが引用しているT・S・エリオットの書いた文章のように、「一人の大詩人が生きている間に、あることが最終的に全部なされてしまい、それがふたたび達成されることはありえない」のである。それゆえ、将来の才能ある作曲家が、なにか伝達すべき重要な独創的なものを持っているならば、後期バロックの様式を選ぶのは思慮のないことのように思われる。もちろん、この場合かれはとにかくトランセンデンタリストではないであろうし、様式上の先祖返りに頼ることに躊躇するかもしれない。しかし、もし将来の才能ある作曲家がトランセンデンタリスト**であり**、過去ないし現在のいかなる様式を使用するのも自由であると感じているならば、かれはトランセンデンタリストである以上、意味のある仕方で作曲しはしないであろう。すなわち、**かれの**バロック風コンチェルト・グロッソは、ポップ・アーティストのキャンベルのスープのカンと同じく、意味を持つ音楽としては価値のないものなのであろう。

芸術の終りという予感はいまやありきたりのものとなってしまったが、科学の終りの可能性は口にされることがはるかに少ない。もとより、何人かの世紀末《ファン・ド・シエクル》の物理学者が、どうして物理学がその終焉に近づきつつあるかを考えたかというエピソードがよく語られたことを思い出す人もあろう。量子論や相対性理論の到来を目前に控えながら、これらの人々がおかしたこのような悲しむべき誤謬は、思いもかけぬ科学上の発見がすぐ目の前にあっても、それを知ることは到底できないという教訓を後の世代に与えた。この警告的な物語が、科学の終りを予言する人に待ったをかける**はずのもの**だということは認めておこう。けれども、芸術の停止の予言者として、裸のままで立っている**自分**の立場をじゅうぶん自覚しながらメイヤーが、芸術の進化の来るべき終焉に関する以前の誤った予言に関して指摘しているように、あまりに何度も「狼がきた」と叫んでだましていた少年を誰も信じなくなってしまったとき、実際にとうとう狼はやって**きた**のである。だから、今日ほとんどすべての科学者たちがまだわれわれの自然についての知識の無限の進歩を考えているように思われるにもかかわらず、わたくしはここに、芸術の場合と同様、科学の終点もみえているという結論がひき出せるいくつかの論拠を提出してみることにしよう。

第一に、わたくしは手短かに科学に対するありうべき社会経済的制限について考えてみたい。十九世紀以来、科学研究の成果が経済的進歩の根本に横たわっていること、またそのおかげで敵対的な自然に対して人間がますます大きな支配権を獲得できたのだということが一般に認められてきた。事実、科学研究への援助はあらゆる社会投資のうちで最高の収益率をもたらしたことが、技術的先進諸国の政府にはようやくはっきりとしてきた。したがって、これらの国々の国民総生産のますます大きな部分が科学に捧げられ、そしてこの科学が次々とますます多くの費用を食うことになった。しかしながら、敵対的な自然に対する支配権の追求がその最終目標に近づき、科学研究の結果の応用によって可能となった技術の進歩が、飢餓、寒気、病気などという人間の生存を脅やかすものを一切消滅せしめるにいたって、それ以上の科学研究は有効性が漸次低減するような点に到達したように思われる。かくして、科学を援助することに向けられている現在の高い社会的関心が衰えはじめるということはありうることであろう。けれども、この論拠は、もしもハーマン・カーンのいわゆる「脱経済《ポスト・エコノミック》」時代の到来後も科学がなお主要な問題であるならば、その有効性を失うことであろう。なぜなら、その時には技術的進歩が実際上無限に近い国民総生産をもたらしていて、この条件下においてはさまざまな活動への社会的援助の大小の決定に関する功利主義的な考慮は、その適応性を失うということになっているかもしれないからである。

　第二に、より重要なものとしてわたくしは、科学に内在する限界、外的世界の出来事についての意味ある陳述の蓄積の限界と思われるものについて考察してみたい。科学の諸学科の中には、それがあつかおうとする現象によって**限界を画されて**いるものが**いくつか**あるということはすべての人が即座に同意してくれるであろうと思う。たとえば地理学は、地球の諸特徴を記述するというその目標がはっきりと限定されているから、限界がある。たとえ莫大な数の現存の地誌的・人口統計学的細部の全体は**決して**記述されえないにしても、ただある有限数の有意義な諸関係が最終的にこれらの細部から抽出されうることは明白であると思われる。そして、前のいくつかの章で示すことができたと思っているが、遺伝学はたんに限界があるだけではなく、遺伝情報の伝達のメカニズムを理解するという目標は事実ほとんど達成**されてしまった**のである。先の例までは同意してくれたかもしれぬ人々とここで別れることになるかもしれないが、化学とか生物学とかのはるかに広いと考えられている科学の諸部門でもやはり限界があるのだ。というのは、結局のところ分子や「生きている」分子の集合体の行動を理解するという目的の中にも、一定の限定された目標が内在しているからである。だから、可能な化学分子の全体の数はきわめて多く、それの行なう反応は莫大な多様性を示すとしても、そういう分子の行動を支配している原理を理解するという化学の目標は、地理学の目標と同様、明らかに限界づけられている。生物学に関しては、第四章で、わたくしは今日わずかに三つの大問題が未解決であるだけだと思われることを示そうとした。すなわち、生命の起源、細胞分化のメカニズム、そしてより高次な神経系の機能の基礎の問題である。分子遺伝学のセントラル・ドグマによってもたらされた洞察は、やがてこれらの最後の問題をも解決する鍵を与えてくれるであろうという確信をわたくしは示しておいた。今日多数の生物学者がすでに戦闘準備をととのえ巨大な武器庫にいっぱいの実験器具をわがものとしていることを考えれば、生命の起源、分化、神経系の問題も、最近二〇年間に遺伝の問題が蒙った運命をまもなく味わわないわけにはいくまい。もちろんわたくしは、こうした楽観的な予言に、意識のメカニズムの解明までは含ませていない。なにしろそれの認識論的側面は、この問題を生命の哲学的中心問題とするとともに、また科学的研究の領域を越えたところにそれを位置づけるからである。

このようにして、限界づけられた科学の諸学科の研究領域は、巨大な、実際上は尽きることのない無数の出来事を研究のために提示しているといってよい。しかし、それでも目標は見定められているのだから、その学科には限界がある。この知的限界の存在に気がつけば、その中での価値の尺度もはっきりしてくる。それは、科学的洞察の偉大さというものは、そこに示されている目標の達成に向っての飛躍の大きさによって測られることができるからである。それゆえ、限界のある科学の諸学科の進化の中には収益の減少点というものがある。偉大な洞察がなされ、その学科を目標にぐっと近づけたあとでは、それ以上の努力は必然的にますます意義の少ないものとなるのである。

しかしながら、**先の開いた**ように見える学科が少なくとも一つはある。それは物理学、つまり物質の科学である。限界づけられる諸学科の目標は究極的には物理学的概念によって規定されるのであるが、物質を理解するという物理学の目標はどうしても未規定のままに残り、したがって視界からかくされていることにならざるをえない。いい換えれば、物質の本性を「説明」する一組の陳述を心に描くことは困難なのである。なぜなら、そうした説明は、この言葉の真の意味での超物理学《メタフィジックス》〔形而上学〕によってのみ与えられうるからである。かくして、物理学が与えると期待されうる意義ある陳述には限界がないことになろう。実際、物理学は限界づけられた無数の下部学科を（たとえば過去において力学を生み出したように）将来の科学として次々と生み出すかもしれない。物理学は原理的には終りがないものであるけれども、実際上はやはり制限に逢着することが予期される。ピエール・オージェが指摘したように、物理学にも時間とエネルギーに関する人間自身の限界による純粋に物理的な制限があるのである。この限界により、百億ないし百五十億光年以上遠くにある宇宙の出来事を観察したり、われわれの太陽系を越えて遠くに出たり、高エネルギーの宇宙線のもつ運動エネルギーに近い運動エネルギーを持つ粒子をつくり出すといった研究計画は永遠に不可能とされるのである。

さらにまた、こう主張することはパラドックスとみえるかもしれないが、物理学が終りをもたぬ先の開いたものであるというそのこと自体が、物理学に一つの限界を教えてくれつつあるように思われる。わたくしの判断しうる限りでは、物理学の二つの先の開かれた目標の最前線に立っている宇宙論と高エネルギー物理学とは、人が究極的に発見しようと努めているのが実際にはなんで**ある**のかがしだいに不明瞭になっていくような状態へと急速に進みつつあるように見える。もしも宇宙の起源を理解できたならば、実際にそれはなにを**意味**するのであろうか？　もしも素粒子のもっとも根本的な性質をついに発見したとしたら、それはなにを意味するのであろうか？　このようにして、終りのない科学の追究もまた、知的収益を減少させる点を内に含んでいるように思われる。この点に到達するのは、その目標が、中国の入れ子の小箱のように終りのない、退屈きわまる連続の中にかくされていることになることがはっきりと自覚されたときである。

ここでの議論にとっては、数学は芸術と科学とを仲介する位置を占めているとみられる点で、特別なカテゴリーに属しているとみてよい。数学は論理の領域に属するので、論理が生じる私的な出来事の内的世界と、論理が適用される公的な出来事の外的世界とにまたがっているわけである。約三五年前のゲーデルの定理の出現とともに数学はたしかに終りのない先の開いたものとなったとわたくしは理解している。というのは、その定理はいかなる一組の公理も内的な論理的無矛盾性を確定することは不可能であること――それらの公理を、それ自身の内的無矛盾性は、証明不可能である、より大きな公理体系の一部分とすることによってでなければ――を明らかにしたからである。それゆえ、数学もまたやがて収益の減少点に到達するであろうことがわかっても、わたくしは少しも驚かないであろう。

オージェはまた、人間の知性の限界により物理学には知的な限界があるとも考えている。「人間の思考、とりわけ数学的思考によってカバーできる抽象作用や複雑性の範囲には、自然的限界がないであろうか」と、オージエは問うている。「脳中の神経細胞の数は、多数ではあるが無限ではないし、それらの間につくられる連結の数もやはり無限ではない」。オージエのいい方では、かれが脳とコンピューターの結合によって思考に用いられる「神経細胞」の数が無限に拡大されるかもしれないという明白な可能性が見逃されているようだが、この指摘は重要であるとわたくしは考える。コンピューターによってもたらされる補助的な論理的ハードウェアに将来たよることによってもとうていのり越えられはしまいと思われる知的限界が物理学にはあるであろう。この限界が現われてくるのは、実在とか因果関係とかの根本的な――生れつきとわたくしは思うが――人間の認識論的概念が、幼児期のわれわれをとりまいていた生活の事実とわれわれの脳の遺伝的に決定された配線図との対立から弁証法的に生じてきたのだという事情からである。進化がこのような脳（そしてその生れつきの認識論の個体発生的な発展への傾向）を選択してきたのは、表面的、日常的な現象を「うまく」扱いうるようにするためで、物質の本性とか宇宙の本性とかいう深遠な諸問題を扱うためではなかった。つまり、これを別のいい方でいえば、われわれの生得的諸概念は一つの公理体系であって、これはゲーデルの定理にしたがえば終りのない先の開いた命題を含んでいる。そういう命題にぶつかって、それをわれわれの生得的公理によって処理しようとするとき、われわれは論理的首尾一貫性を得る代償として、心的な意味を犠牲にしてしまうのである。たとえば、原子以下の諸現象を考察する際に決定論的因果関係を確率的な因果関係で置き換えることによって、それをうまく理論的に定式化することが可能になったけれども、達成された成果は常識には呑み込みがたいものであるように思われる。

ところで、この常識というものが科学の進歩の障害となるということは、物理学の終焉についての偽りの予言者たちが想像力に欠けていたこととともに、自然哲学の教育の場でくどくど話される伝統的なお説教の主題となっている。常識というものは——と学生たちに説明される——地球が平らであり、太陽が地球の周りを廻り、力は遠く隔っては働くことができないことをわれわれに教える。だから常識は、われわれが今日真理であると知り、ごく容易に受け容れていることの認識を長い間妨げてきたのである。いい換えれば、昨日のナンセンスは今日のコモン・センス〔常識〕となることができるというわけである。しかしながら、科学の歴史において常識が演じた妨害的な役割についてのこの正統的な見解は、いささか皮相なものではないかとわたくしは思う。なぜなら、それはこの進化の心理的な諸帰結というものを計算に入れていないからである。第一に、地球が丸いとか、地球は遠く距離を隔てても働く力の介在によって太陽の周りを廻っているなどという今日の諸観念は、成長しつつある子供が、幼児期に彼をとりまく外界を自分の生得的な認識論的公理で処理することによって、常識の一部として発展してきたものではない。そうではなくて、こうした不自然な抽象作用は知的にもっと成熟した年齢に達したときに大人からかれにおしつけられるのである。第二に、そうした常識を取消すような一切の行為は、現実からのある疎外量子を産出し、「現実原則」（これについては次章でまた触れる）の部分的侵食をもたらすものだとわたくしは信ずる。かくしてわれわれは科学におけるもう一つの内部的矛盾を認めることができる。すなわち、われわれの脳が外的世界の認識の基礎に据え、そこから常識が出てくる生得的な公理というものは、物理学的研究の進化が展開していけばいくほどますます大きな侵犯を蒙ることになるということである。そしてこの知的プロセスが今度は、その外的世界のつくっている現実からの疎隔をさらに進行させ、獲得されたその作用への洞察の心的意味を喪失させ、さらにそこからその現象を検討していくことへの関心の強度を弱めることになるのである。

では「若い」社会科学についてはどうであろうか？　社会科学こそは、その発展がいまやもっとも焦眉の急である将来の科学ではないであろうか？　たしかに、経済学や社会学の多くの基本原理がいまだ発見されずにいる——それを適用すればたんに敵対的な自然を最終的にコントロールするだけでなく、人間同士の交わりをもコントロールすることができるようになる基本原理が。しかしながら、ここにおいてわれわれは第三の障害、現在の議論のためには今後の科学の進歩にとってもっとも重大な障害であると考えられるものにぶつかることになる。この障害は、わたくしの知るところでは、数年前に数学者のブノワ・マンデルブロートが綿花の価格の変動といったもののエコノメトリックな時系列の統計学的分析を企て始めたときに、はじめて認められたものである。この分析の途上でマンデルブロートが展開した認識論的議論は、その適用可能性が経済学をとび越えたものであって、自然科学、社会科学双方において新しい法則の発見能力がすらすら前進することに対して非常に根本的な障壁があるという注意を促している。この議論は、先に試みた音楽における意味の知覚の分析とかなりの類似性を帯びている。事実、この議論にとっては科学を自然の音楽の知覚と考えてみることが有益であるだろう。以下に、マンデルブロートの一般的論拠、その主要結論であるとわたくしが理解したものをいくらか表面的に要約的に述べることにしよう。

まず最初に、科学――すなわち、観察可能な外的世界の公的な出来事から因果関係を抽出しようとする努力――とは、その本性からして統計学的努力であるということを思いおこしておこう。科学者はある共通の分母なり構造を出来事の総体の中に認めると、これらの出来事を関係ありと推論し、その関係の原因を説明してくれる「法則」をとり出そうと努めるものである。それゆえ、ユニークな一つの出来事、あるいは少なくとも、それをユニークなものたらしめる一つの出来事の側面は科学的研究の主題とはなりえない。というのは、ユニークな出来事の集りには共通の分母は**ない**し、そこには説明されるべき何ものもないからである。そうした出来事はでたらめであり、観察者はそれを騒音として聞く。ところで、あらゆる現実の出来事には**なにほどか**のユニークな要素があるから、現実の出来事のいかなる総体にも何ほどかの騒音が含まれている。したがって、科学研究の基礎的な問題は、その避けることのできない背景《バックグラウンド》の騒音の上に、出来事の総体の有意義な構造を認識することである。かくしてこの知覚の問題は、形式的にはトランセンデンタリズム的でない音楽における調音の連続の意味の認識と類似していることになる。事実それは、何らかの種類の伝達において騒音からシグナルを区別するという情報理論的な根本問題の一事例にほかならない。それゆえ、自然現象におけるバックグラウンドの騒音が低ければ低いほど――つまり、全体の画像の中で、それを構成する出来事のユニークさの果たす役割が小さければ小さいほど――その構造は曖昧でなくなるのである。そして時間的・調音的な配列がますます構造的でなくなる音楽的諸様式の進化において聞き手の洗練度が高まったのと同様、ますます構造的でない現象の科学的分析に向う進化において観察者の洗練度も高まってゆく。百年ほど前に科学理論が他に先立って解明することに成功した自然現象のほとんどは、比較的騒音を免れていたものである。そういう諸現象は**決定論的**な法則によって説明された。決定論的な法則は、ある一組の初期条件（先行状況）は、ただ一つの最終状態（続いておこる事柄）を導きうると主張する。ところが、十九世紀の末ごろに数学的統計法が、以前は不可能であったかなりの騒音要素を含む物理現象に使われるようになった。この発展は、気体分子運動論や量子力学のような物理学の**非決定論的**な法則を出現させるにいたる。これら非決定論的法則は、ある一組の初期条件が一つではなくいくつかのどれでも選べる最終状態に導きうることを認める。しかしながら、非決定論的法則も予言的価値を持たないわけではない。なぜなら、選択可能ないくつかの最終状態のそれぞれに、実現の確率が割り当てられるからである。実際、決定論的法則は、より一般的な非決定論的法則の一つの局限――そこでは選択可能な最終状態のうちのただ**一つ**が生起するチャンスが百パーセントに近づいている――とみなされる（ここで、かつて物理学の終りを予言した愚しき偽りの予言者たちに少々面目を施させてもよいであろう。少なくともかれらは当時の**決定論的**物理学の終焉は正しく感知していたもののように思われるから」。決定論的法則でも非決定論的法則でも、その妥当性の月並みの厳密なテストは、その予言が将来の観察で現実化されることである。もしもその予言が現実化**される**ならば、観察者がもとの現象において知覚したと信じている構造は真実のものであったと考えられるわけである。

さてマンデルブロートは、科学が、かれが**非決定論の第二段階**と呼ぶものの戸口にやがて達すると主張している。その第二段階においては、成功した理論的理解から逃げ続けてきた騒音的な現象の多くのものが、旧式の決定論的理論による分析では近づきえないばかりでなく、最近の第一段階の非決定論的理論による定式化でも手に負えないものであることが明らかになるであろう。この点を確認するためにマンデルブロートは、自然の出来事のある集合の持つ無方向的なでたらめ性、すなわち**システムの自然発生的な活性**で示される騒音の統計的性格に注意を促している。その認識にとってもっとも重要なのは、システムの自然発生的な活性という性質である。これまでに第一段階の非決定論的な科学的理論をつくり上げることのできたほとんどすべてのシステムにおいては、自然発生的な活性は、一連の観察の平均値が急速にある限度に収斂してゆくような統計的分布を示している。その限度は古典的な決定論的タイプの分析に付されうるものである。たとえば成功した気体分子運動論においては、気体の自然発生的な運動はこの条件を満足させている。その場合、個々の分子のエネルギーはきわめて広い分布（熱的不安定）を示しているが、一分子当りの平均エネルギーはある限度に収斂しており、それゆえすべての実際的目的にとっては決定されていることになる。しかし、これまで科学理論をつくり出すことが成功し**なかった**諸現象の多くは、まったく異なる分布を示す自然発生的活性を持っていることがわかる。こうした現象の場合は、一連の観察の平均値がある限度に収斂してゆくのがきわめて緩慢であったり、あるいはまるで収斂していかないのである。マンデルブロートによれば、ここでは観察者が認めたと信じているある構造が真実のものであるのか、たんなる想像上のつくりごとであるのかを確認するのが、しごく困難である。この点を説明するためにマンデルブロートは、ピーターとポールの間の一世紀にわたるコイン投げゲームの記録をひいているから、それをここにも挙げておく。ピーターとポールの運が等しい点（つまり、記録がその水平線と交わる箇所）を注意してみると、それらの点の密度分布がきわめて不規則であることが認められる。特に、一定の時間間隔当りの交叉数の相対的な変動性は、いくら長い間隔をとって考察しても減少しはしないことは明らかである。こうした記録の場合、このような豊かな細部や構造は、関心を持っている観察者（たとえば賭博師）によって知覚されることができる。しかし、そこに知覚されたいかなる構造も明らかに観察者の脳のたんなる幻想にすぎないのであって、現実にその記録を生み出した、また将来の出来事を生み出してゆくであろう、そのでたらめな無方向なメカニズムとはなんのかかわりもない。

マンデルブロートは、ある探検家がこのピーターとポールのコイン投げゲームの記録を、世界のこれまで未知であった部分の地形断面図として持ちかえったと仮定した思考実験を考えようといっている。その断面図では、水平線の下にある領域はすべて水面下ということになる。明らかに、この記録は「大洋」「島」「群島」「湖」といった「典型的」な地理的諸特徴を示している。この地形図の形成

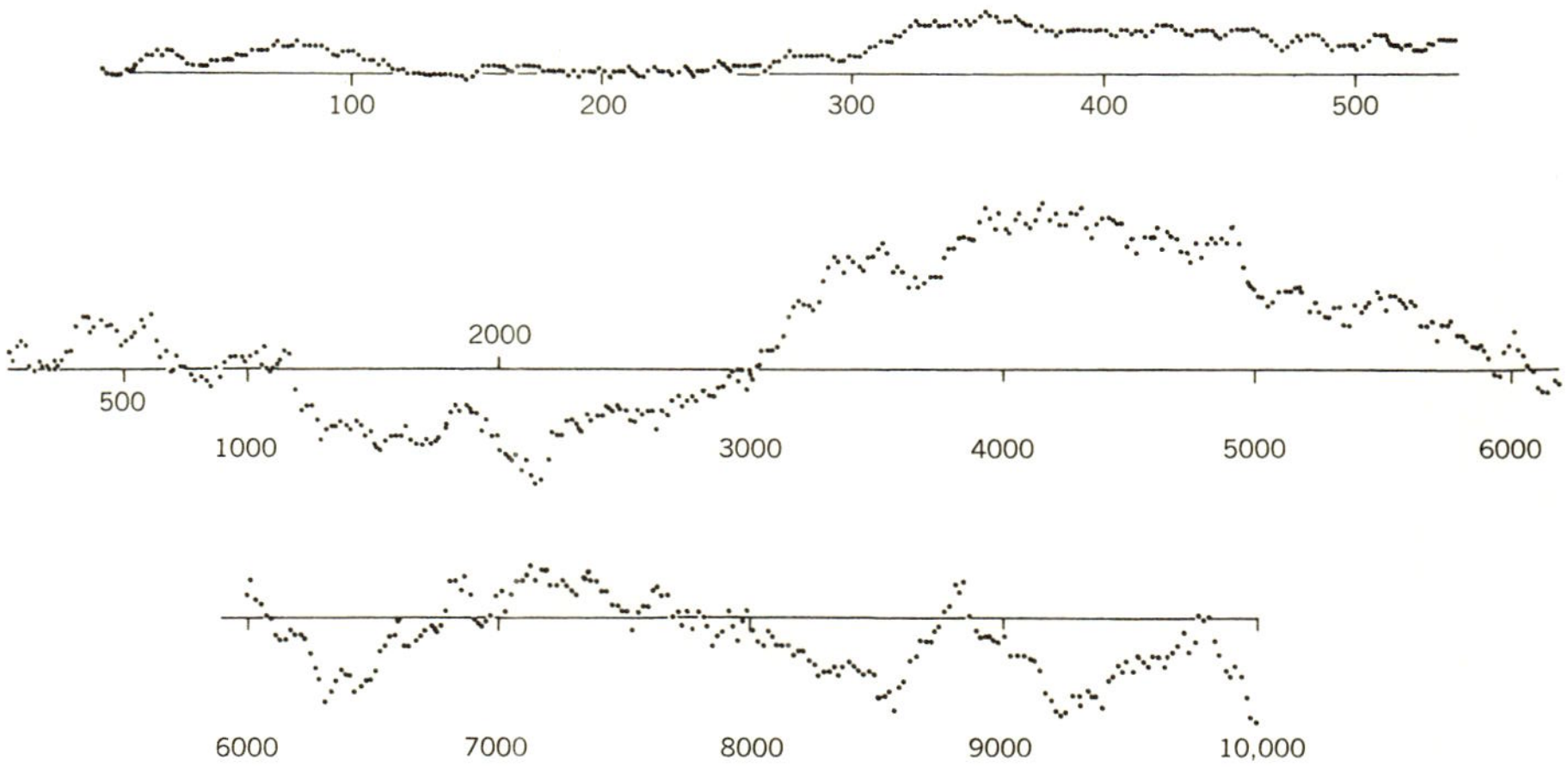

正真正銘のコインでなされたコイン投げゲームにおいてポールの勝ちの記録．ゼロ交叉と次のゼロ交叉との間の部分は明らかに統計的にバラバラであるけれども，交叉点のあたりはひじょうに密集しているように見える．この図表における外見上の密集の程度をじゅうぶんに評価するためには，第２段，第３段で用いられている時間の単位が20回のプレイに等しいことに注意せよ．したがって，第２段，第３段では細部が欠けている．そこでのゼロ交叉はそれぞれ実際には密集群であるか，密集群の密集群かである．たとえば，時間で200附近の密集群の詳細は，第１段ではっきりと読みとれる．第１段では，２回のプレイにあたる時間の単位が用いられる（W. Feller, *An Introduction to Probability Theory and Its Applications*, 2nd Edition, John Wiley & Sons, New York, 1957）.

が、原因があってのことか、それとも偶然によるのかをどうして決めることができるかが問題である。そうした決定が極度に困難なものであるだろうことは明白である。この仮定上の問題は、事実、地球上の島の大きさの変動具合がコイン投げゲームの記録における、ゼロ交叉間の距離の変動と同じ種類の統計的分布にしたがっているという点で、現実の状況に似ている。この種の分布は「パレート」分布と呼ばれている。世紀のかわり目のころの、イタリアの経済学者パレートがはじめてそれを所得の分布で看取したからである。実際、鉱床の大きさ、一年の降雨量、隕石や宇宙線のエネルギーといった他の多くの地球物理学的、気象学的、天体物理学的な諸現象は、パレート分布にしたがっている。ピーターとポールのコイン投げゲームのゼロ交叉の密度分布においてみたように、これらの諸現象に構造が認められるということは、それらが純粋な偶然によるもので**ない**という保証にはならない。パレートの統計を示すシステムから抽出される何らかの構造の実在を確証するために要求される仕事は、平均値が急速にある限度に収斂してゆく統計を示しているシステムから抽出された決定論的ないし第一段階の非決定論的な法則の確証にこれまで費された仕事の量をはるかに越えている、とマンデルブロートは論じている。かくして、ある平均値に収斂していくことがまるでないシステムから抽出された第二段階の非決定論的法則のテストに、まったく目まいのするほどの観察の努力が費されるまでは、その科学的分析はどうしても曖昧なままであらねばならぬであろう。もちろん、平均値がある限度に**ゆっくり**と収斂してゆく中間的ないろいろの段階の状況があり、そうしたシステムの分析に要求される努力はこの収斂が早くなればなるほど少なくてすむわけである。

しかしながら、マンデルブロートの主要な論点は社会科学の将来、とりわけ経済学と社会学とに関するものである。まず第一に指摘されるのは、自然科学に比べて、これらの領域では成功した理論がいちじるしく欠けているのは、（しばしばいわれるように）「年齢」の相違に帰することはできないということである。それどころか確率的理論は、物理学に非決定論的理論がはじめて現われたときよりも一世紀以上も前に、社会科学の諸問題との関連で生れたものなのである。したがって、非決定論的物理学は経済学よりも若いのだ。両者の差異は、社会科学が量的分析をしなければならぬ基礎的諸現象においてパレート分布が支配的であることから生じているように思われる。たとえば経済学では、商店の規模、所得や価格の変動はパレートの法則にしたがっている。社会学では、「人間の集塊化《アグロメレイション》」の大きさが同様の分布をもっている。このことは、「都市」とか「町」とか「村」とかいう常識的な用語が曖昧な印象主義的構造のものであることを証明している。しかし、われわれの語彙にこのような用語が含まれているということは、収斂する平均値統計によって直観される出来事の世界を明白に記述しようとするわれわれの習慣の反映である。あるいはメイヤーが表現したように、「われわれが世界の中に発見することのできる冗長さ《リダンダンシー》は、その一部は、神経系の中につくられた組織――リダンダンシー――の一機能なのである」。かくしてこの議論によれば、社会科学の早期の開花を期待することは空しい願いであることになろう。なぜなら、社会科学の法則のほとんどは第二段階の非決定論的な種類のものであるだろうから。それゆえ、これらの法則の立証は、自然科学に費されたこれまでのすべての努力の量をはるかに越える努力を要求することになろう。現在そのような努力が実行しうる範囲内のものであるかどうかは明瞭ではないから、経済学や社会学は長く現在の曖昧で印象主義的な学科の状態にとどまっているかもしれない。というのは、その根本的な法則が現実を示しているか、想像上のつくりごとを表わしているかを確認することができるのは、ただ例外的な事例においてだけであろうからである。

トランセンデンタリストの芸術の意味無用論と、科学における第二段階の非決定論が示す認識論の曖昧さとの間には大きな形式的な類似性があるようにわたくしには思われる。いずれの場合にも、受け手は多かれ少なかれ自前で、自分の経験から自分の欲するものをつくることになる。なぜなら、かれの知っているすべてのこと、かれが目撃している出来事は、その原因がほんらいでたらめで無方向であるのだから。このようにして、どちらも遠い昔、力への意志の昇華として始まった芸術と科学とは、その後別々の道を旅してきて、いまや同じ状態に近づきつつあるように思われる。すなわち、これからなすべき多くの仕事が残っているが、しかしいったいそれにどんな意味があるのだろうか?

サンフランシスコのヘイト・アシュベリー地区での「化学を通してよりよき生活」.（Photograph: Edmund Shea, Libra Artworks-American Newsrepeat Company, Berkeley.）

七　ポリネシアへの道

前二章において進歩の内的諸矛盾と限界とを素描したから、いよいよこの進歩の最終目的とされる段階がもたらすと思われる人間の状態を論ずべき時となった。わたくしがこの論述の冒頭に指摘したように、この状態は二千五百年以上も前にヘシオドスが描いた黄金時代の状態そのものであるとわたくしはみる。というのは、長年月にわたる進歩の諸結果によって、いまや地球はそのような黄金人種を迎える準備ができたからである。人類は技術のおかげで、なんの心の悲しみもなく、苦労も悩みもなく、しかも萎えることを知らない手と足をもって、一切の悪の手の届かぬところで、神々のごとくに生きるであろう。この章では、黄金時代の到来を検討してみることにしよう。

しかしながら、その議論をすすめる前に、次のことを指摘しておくのが公正というものであろう。つまり、これまでの論議によれば、わたくしの将来に対する投影にはいかなる科学的な信頼も置かれえないという論理になる。さきの科学の限界に関する議論においてわたくしは、「第二段階の非決定論」は社会現象の分析のうちに現われてくるものであろうという見解をとってきた。それゆえ、過去の出来事の間にあると前に推論され、また現在を生ぜしめたと想定される因果的関係によって、将来おこるできごとを十分に予言できるものとは考えられえないことを、わたくしは認めざるをえない。歴史的諸記録からわたくしが感じとった構造――ボヘミアンの現象、力への意志と経済的安定との相互矛盾、進歩の加速、芸術進化におけるより大きな自由を求める傾向、科学の可能性の枯渇――は、わたくしの知るかぎり、ピーターとポールのコイン投げ記録に何かの構造を感じとる賭博師の知覚以上には現実性をもたない想像上のつくりごとである。だから、わたくしの予言する黄金時代は、客観的な予測というよりは、印象主義的なビジョンであると考える必要があろう。

一見わたくしの方でへり下って権利放棄しているかに思われようが、このことは事実たいへん僭越なことなのであって、専門家仕事の価値を低めてしまうような今日のトランセンデンタリストのありようの重要な一側面を示している。なぜなら、たった数ヵ月の、ポピュラーなペイパーバックの本の読書にもとづく、素人の心理学者、あるいは歴史学者としてのわたくしの分析が、生涯をかけて同じ問題に専念した専門家の最上の労作と同水準に並ぶことになるからである。結局のところ、この論法にしたがえば、専門的な社会科学者もわたくしのなしうる以上に**かれの**推論の妥当性を証明することはできない。事実、この専門家仕事の価値の低下現象があればこそ、先ごろボルチモア動物園のチンパンジー、ベッツィーが油絵具を塗りたくったキャンバスがアクション・ペインティングの展覧会で賞を獲得するというようなことも可能となったのであった。

わたくしはこの章を、五年ほど前に物理学者デニス・ガボールが書いた『未来を発明する』という小著の要約、紹介から始めることにしよう。この本はわたくし自身の考えに大きな影響を与えた。その最終的な予測の妥当性に納得させられたというよりも、将来の問題を今までとはちがってはっきりとみることを可能にしてくれたからである。ガボールが論じている人口過剰、資本主義や共産主義や未開発諸国の将来、芸術や科学の限界、平凡人と非凡人、等々の多くの問題については、他の著者たちがより詳細かつ専門的な分析を加えてきたことはたしかである。けれども、ガボールが『未来を発明する』で行ったような全地球的な、二十世紀中葉的な全事実の総合を企てた人はほとんどいないのである。

ガボールは、現在人類が直面している三つの難題、かれのいうトリレンマ――つまり、核戦争、人口過剰、レジャーの時代――の提示から始めている。たとえはじめの二つの破局が現実化されても、人類はそれをなんとか処理する用意はできるであろう。丸焼けになった世界に生き残った人々が失われたものをとり戻そうとはい上がり、かれらのうちのもっとも頑強なものが文明を再建することであろう。また人口過剰のために飢餓の瀬戸際で暮らし、狭い奴隷区域に閉じこめられるといったことは、昔からあまりにもなじみすぎたくらいの光景である。しかし、第三の破局、機械化とオートメーションが人間の労働をあらかた余計なものとしてしまうレジャー時代の到来に対しては、われわれ人間の心の準備はできていないであろう。なにしろ万人にレジャーがあるということは人類史上まったく新しいことであろうから。なんらなすべき有用な仕事をもたぬことからくる倦怠は人類全体を神経的に駄目にしてしまうことであろう。それは今日でも中産階級の上層の怠惰な主婦の間にしばしばみられる精神的な障害と同じである。ガボールは書いている、「過去三〇年間に技術や社会工学は**一切のありうべき奇跡**の実現される黄金時代へと長足の進歩をとげてきた。遠くからこのような時代を期待することは、ビクトリア朝の知識人にとってはひじょうな悦びであった。しかし、その黄金時代に対するわれわれの心理的な準備はまだ全然できていないといってよい」。

もちろん、この黄金時代へ向っての長足の進歩は、技術的先進国においてのみなされただけであって、世界人口の大部を占める発展途上諸国の人々はいぜんとしてみじめな困窮状態の中で生活している。けれども、先進国、とりわけアメリカ合衆国とソビエト連邦、さらにいまだごく限られた程度ではあるが中国などは、すでにその資本や技術的知識を発展途上国に輸出しつつある。そしてこれらの努力はかならずしも純粋に人道主義的な動機によるものではないにもかかわらず、全世界への技術の不可避的な拡大によってやがて全世界は同じ高度の生活水準に到達することになるだろう、とガボールは考える。「いったん工業化が始まったら、停止することも引返すこともないのだ」とかれは言う。この発展の経済に関する限り、かれの計算ではこうなる。たとえ発展途上諸国がかれら自身の所得を少しも生産的投資に戻さないとしても、「自由世界」の年間所得の一パーセント（あるいはその軍事支出の十パーセント）の輸出だけで発展途上諸国の産業の離陸《テイクオフ》にはじゅうぶんであろう。ガボールは、この発展途上諸国の工業化が民主主義的な政治の枠組の中で生じるであろうとは期待していない。「もしわれわれが発展途上諸国に不当に高い民主主義的・道徳的規準を押しつけようとするならば、決してかれらのためにはならないであろう」と、かれは考えている。

核戦争の可能性に関しては、ガボールは恐怖のバランスと米ソ間の明白な政治的接近にかんがみて、それが回避されうることを期待するだけの理由がいくつかあるとみる。しかしながら、中国が一つの核戦力となる可能性も予想しており、もしそうなるとこれが「実際に中国および全世界にとって暗黒の日となるかもしれない」(もちろん、ガボールの議論は、この暗黒の日が来りそして去った一九六八年においていて、いぜんとしてアメリカとソ連の新帝国主義政策が世界平和へのより大きな脅威であることを見通していなかった)。人口過剰に関しては、ガボールは発展途上諸国における人口の爆発は悲劇的ではあるが一時的な現象だと考える。今世紀の終りまでに、おそらく何百万ものアジア人が飢餓のために死ぬことだろう——以前にもそうであったように赤ん坊に代って大人たちが。しかし、結局は工業と教育の拡大によって、出生率は低い死亡率にバランスするところまで下がるであろう。長期的に見るならば、先進諸国の人口密度に厳密な注意を払う方がより重要である。なぜなら、平衡のとれた人口密度がいったいマルサス的飢餓のレベルにあるべきなのか、それとも人間の品位によりふさわしいレベルにあるべきかは先進諸国において決定されるであろうから。事実、現代の輸送手段を考えると西洋世界はすでに人口過剰であるとガボールは考えている。かくしてかれの結論は、大きな家族をもつという古代的な喜びは文明が与えることのできない一つの贅沢なのだということになる。いかにして若いカップルに産児制度を実行させ、この喜びを放棄するよう説得するかということが、将来に対するもっとも深刻な問題の一つだといえる。

幸いにして核による全滅を免かれ、世界の人口がまずまずのレベルで安定すると仮定した上で、長期のレジャー時代が技術的に可能であるかどうかを考えてみよう。とくに問題となるのは、加速度的に浪費しつつあるエネルギーや鉱物資源の枯渇がすぐにも生ずるのではなかろうかということである。ガボールはいろいろな理由からこれらの問題がうまく処理できると考えている。明らかに、石炭や石油のような化石燃料は長くは持たないであろう。しかし、ガボールの予想のように、いったん核融合の力が現実の事業となるならばわれわれのエネルギー問題は長期的にかたづくことになるであろう。しかも、たとえ核融合の力が現実化されないにしても、太陽光線、潮汐、火山作用といった他の、今のところ不経済だが無限のエネルギー源が開発されることは確実である。高級金属鉱石の予測できる枯渇はおそらくより重大な問題であろう。しかし、これについてガボールは、現在ではまだ不経済的だが多量存在する鉱石からの金属の抽出とか、できるかぎり鉱物をプラスティックで代えることなどにより、結局はこの難問もうまく切り抜けられるだろうと期待している。

このようにしていまや、貧困を克服するための、自然に対する古くからの闘争はあらかたかたづいてしまった。それは、人間の不屈の戦闘精神と、科学・技術の騎士たちの一致団結した力のおかげで勝ちとられた困難な戦いであった。しかし、進歩の加速的な運動により、経済的な豊かさがきわめて突然に達成されたものだから、人間本性は必要な適応をする余裕がなかった。ガボールは、モーゼが約束の国を人民に示したあと、それにふさわしい世代が育ってくるようにと、四〇年間荒野をへめぐり歩かせたことを想起している。ガボールによれば、「社会の本能的な知恵」は二十世紀こそ、レジャー時代に適した新しい世代が現われるまでさまよい歩く聖書の荒野に相当するものとしている。その知恵とは、不必要な仕事やむだを十分に創り出すことによって、現在の技術が与えることのできるレジャーの程度を低減させる「パーキンソンの法則」にほかならない。パーキンソンの法則が成り立つ心理的な――今はまだ多くは下意識的な――理由は、C・E・M・ジョードによって次のように要約された。「働くことは、ある程度以下でなくても耐えることのできた、これまでに発明された唯一の仕事である」（ついでにいえば、フロイトはこの意見に賛意を示さなかったようである。というのは、かれは大多数の人間は必要の圧力下においてのみ働くものであり、大部分の困難な社会問題はこの働くことへの人間の自然な嫌悪心からひきおこされるのだという徹底した見解をとっていたからである）。しかしながら、パーキンソンの法則の浪費的な作用が広く認められるにいたった以上、それがそんなに長く続くことはありえないとガボールは信じている。パーキンソンの荒野の旅も終るであろう。そして大多数の人々、とりわけ知的に低い人々は、なにもすることがなくなるであろう。その時までには新しい世代は、現代の約束の国のために準備をしておいた方がよい。その国ではごく少数の高い天分のある非凡人の働きのおかげで、大多数の者が怠惰な贅沢な生活を続けている。その大多数の人々、つまり凡人は、労働という福音の上に築かれている現代文明の標準からすれば、社会的に無用な存在であるであろう。

ガボールはそこで普遍的なレジャーの脅威に処する一連の幸福論的命題を展開する。わたくしはここにそれを要約することはしまいと思う。なぜなら、それはたんに二十世紀中葉の知識人のユートピアのプランを示しているにすぎないと考えられるからである。思うに、これらのプラン――教育、優生学、産児制限、国際的連帯――の持つ主要欠陥は、すでに進行し始めている動機づけの衰退を無視していることである。ガボールも決してこの傾向に気づいていないわけではなく、現代の青年男女の教育において艱難辛苦ということがしだいになくなっていることが、かれらを社会の中のあまり生産的でない成員にする傾向があるとか、献身的な（そして少々熱狂的な）発明家が稀れになりつつあるとか、大学生の野心が昔のようなものでなくなっているといった一瞥的印象は述べている。しかしながら、かれはそこからこれらの現象が力への意志の喪失が進行している証拠にほかならないという教訓をひき出してはいない。ところが、労働という福音は明らかに力への意志を**持っている**「社会の本能的な知恵」なのであるから、この意志が衰退してゆくにつれて労働という福音はそのカリスマを失わざるをえないのである。

働くことは、ある程度以下でなくてもたえることのできた、これまでに発明された唯一の仕事であるというジョードの言明がほんとうに正しいかどうかを検討するためには、レジャーが毎日の生活の主要素であったような豊かな社会が歴史上の記録に現実にしるされているかどうかを問うてみなければならない（全体として欠乏状態にあった社会で、苦役する大衆におぶさって暮していた有閑階級は、ここでわれわれが考えようとしているものではもちろんない）。というのは、もしそういう豊かな社会が存在したならば、その実例は、レジャーによって提起される問題に対して人間本性はどのように適応することができるかをわれわれに示してくれるはずであるからである。「レジャーが万人に与えられるということは人類史上まったく新しいことだ」という主張にもかかわらず、ガボールは地上におけるレジャー天国の例が実際に周知のものであることを知らないわけではない。この点について、かれはビルマ、バリ島、南海諸島に言及している。「そこでは人々はほとんど働かずに、かれらが持っているもので満足していた」。かれはまたかなり詳細に豊沃なヒマラヤ山中に住んでいる健康で幸福なフンザ族について述べ――正当にもフンザ族が芸術を持たぬことを注意している――「それは、人間本性とはかくのごときものでもあり**うる**という驚くべき事実をわれわれにつきつけている」ことも承知している。しかし、ガボールはわたくしの測りえない理由によって、自然のパラダイスによって与えられるレジャーと技術的パラダイスによって与えられるレジャーとはまったく異なる問題だと考えている。ガボールとは反対にわたくしはレジャーはレジャーであると考えるし、さらにこれらのパラダイスの歴史とわれわれの現在の状態との間の明白な関係がほとんど指摘されなかったことの方がおかしいと思っている。

南海諸島の歴史、とりわけポリネシアの歴史は、黄金時代へ向っている進化にとって、一つの典型となりうるとわたくしは考える。これらの島々に住みこんだのは大胆で進取の気性に富んだ種族であった。かれらはおよそ三千年も前に東南アジアから舟にのり、よりよい住いを求めて太平洋の道なき海上を東方へと出発した。これらの人々の航海は大胆な離れわざであって、それに比すればフェニキア人の地中海航行などまったく顔色を失わしめられるほどであった。ずっと後代の勇敢な北欧人のアイスランド、グリーンランド、北アメリカへの航海でさえ、これに比べればあまり冒険的ではなかったように思われるのである。発見されるべき太平洋上の陸地が東に北にまだ残っていた間は、すでに定住地化した地域の人口の圧力により、冒険的な分派はさらに未知のところへと危険を冒して進んでゆくことになり、その際、処女地の島にいっしょに植物や動物を運んでいった。初期ルネッサンスの時代には、太平洋の植民は完成し、幼児殺しや儀礼的な食人による人口制限は制度化されていた。植民者たちは定住して、豊沃な食物と香わしい風土、そして自然の敵や災難が比較的少い例外的に恵まれた環境を享受していた。ロマンチックに美化された物語は明らかにこの南海の**生活**の**甘さ**を誇張したものであったけれども、その祝福された環境がたしかにのんきなポリネシア人という通念とさほど異ならぬ典型的な性格を生み出したと思われる。ポリネシアの社会は決して平等主義的なものではなかったが、すべての人が経済的に安定していることがその著しい特長であった。感覚的な満足が第一義的な関心事でありながら、一方ではしばしばおこる殺人や傷害などの危険に面しても驚くほど平静であったようにみえる。

　ここでの考察にとっては、次のことに注意することが肝要である。それは、ヨーロッパ人がここに侵入してきた時期には、ポリネシアのさまざまの島で社会心理学的進化が進行していった方向と程度に、かなりの分化がはっきりおこっているということである。すなわち、赤道から遠く離れていればいるほど、あるいはその土地が不毛で荒れていればいるほど、住民のいまだにもっている活力、今日のアメリカの隠語でいえば「生一本さ《ストレイトネス》」と呼ばれるようなものが、それだけ強く残っていた。おそらくもっとも「生一本な」ポリネシア人はマオリ族であったろう。かれらの祖先は西暦一〇〇〇年ころにニュージーランドにやってきた。この植民者が住みこんだ地域は、かれらの仲間が住みついた他のどの島よりもはるかに大きかったばかりでなく、それだけが赤道から遠く離れ、まさに温帯に属していた。マオリ族はその祖先の持っていた進取の気性を保持していた。かれらは熟練した耕作者、芸術家であって、強固な政治的組織と整った教育制度を持っていた。木彫や宝石類の彫刻には、生命力に溢れたポリネシア芸術の数少ないものの一つが残されていた（マルケサス諸島やイースター島の巨石彫刻は生命力に溢れたポリネシア芸術の数少ないもう一つの例である）。このマオリ族の生活を支える主要な要素は戦争であった。戦争がかれらの第一の仕事であり、イデオロギーの中心的なバネとなっていた。

社会的にニュージーランドの対極をなしていたのはソサエティ諸島、とりわけタヒチであった。自然が最高の祝福を与え、草木がみずみずしく繁茂したこれらの島々には、すでにキリストの時代に人が移り住んだ。そしてここでおこった進化は、今日われわれがビートの社会に見るような結果をもたらした。この快楽主義的な文化では、宗教も芸術も、またいかなる種類の知的活動も栄えなかった。進取の気性にとんだ開拓的航海者たちのタンガロア一神教は無定形な汎神論へと退化し、労苦を必要とする巨大な石像彫刻もなく、陶器工芸も表意文字の使用もなくなってしまった。ヨーロッパ人に発見されて以来、ロマン主義的叙述に非常な刺激を与えてきたポリネシア、とくにタヒチの姿そのものが、現代のわれわれにとっても興味をひく。それは現代の豊かな社会における進化――その性的習俗――もそれと明らかに類似しているからである。性的欲動の抑圧ということは、いたるところにみられる、またきわめて古くからある人間本性の一側面であろうが、これは南海のパラダイスにおいては広汎に解放されていた。青年男女の間の性的無差別はあたりまえのことであったし、成人間の結婚の習慣はいぜん維持されていたけれども、家族をつくり出すような構造にはなっていなかった。離婚や再婚が容易に頻繁に行なわれることによる時間的な一夫多妻または一妻多夫が行なわれるようになった。姦通は形式的には禁じられていたけれども、ごくふつうに行なわれた。タヒチの性的放縦は、アリオイ結社においては神格化されていた。この結社は古代の呪術的・宗教的な宗流から生れたものと思われるが、ヨーロッパ的標準からすれば極度に猥褻《わいせつ》な儀式をとり行ないながら各地を歩く人々との組織をつくることになった。その組織の男女はたがいに共有しあい、その結合からできる子供はすべて生れたときに殺してしまうことが結社の規則に定められていた。現代の豊かな社会にひじょうに関係すると見られるポリネシアの生活のもう一つの姿は、カワカワというコショウ科の植物の根から抽出したサイケデリック薬であるカヴァの演ずる重要な役割である。性の慣習におけると同様、このカヴァの利用に関しても、タヒチは極度の発展をとげているように思われる。はじめてヨーロッパ人が訪れたときには、カヴァを飲むことは西部ポリネシアの高度に儀礼化された儀式の場合だけに主としてかぎられていたが、タヒチにおいては幻覚の旅を楽しむために個人的に勝手に用いられていた。

歴史解釈に課せられる「第二段階の非決定論」による制限を考えなくても、歴史的に先行したものにもとづいて将来を予言するのは明らかに危険なことである。ある昔の状況が現在の状況にいかに似ていると思われても、その昔と今、かしこことこことの間にある一見些細な差異が、実際にはわれわれの運命にひじょうに重大な意味を持つことになって、比較にもとづく一切の予言的価値をたちまちに無効にしてしまうこともある。だから、ポリネシアと来るべき黄金時代――そこにおいては、かつて南海諸島の住民たちに祝福にみちた自然環境が与えたと同じものを技術がすべての人に与えてくれるであろう――との間の類似性をあまり強調しすぎないように注意しなければならない。しかし、他のことはどうあれ、ポリネシアの歴史はレジャーの「脅威」が少なくとも過去一回は、労働の福音を単純かつ容易に放棄することによって交わされたことを示している。それは、経済的安定という背景で多くの人々がたくさんの有用な仕事が得られなくなっても、かならずしも人は硬直したり狂乱したりするものではないことを示している。さらにその歴史は、わたくしが先に展開しようとした観念、つまり経済的不安定が力への意志の非遺伝的な伝達のための、またそれ以上にその昇華作用の頂点たるファウスト的人間の永続化のための、必要条件であるという考えに追加的な支持を与えてくれる。太平洋のバイキングたちが東方への移住を始めた時には、強いファウスト的な性向を持っていたにちがいない。ところが、キャプテン・クックがかれらを発見したときには、ファウスト的人間はほとんどソサエティ諸島から消え去ってしまっていたのである。

ガボールの言うように過去三〇年間、技術と社会工学は黄金時代へと長足の進歩をとげてきたことはたしかだけれども、ポリネシアの実例によって、われわれは今や、この黄金時代への心理的な準備がいまだほとんどなされていなかったというのは真実では**ない**ということがわかる。それとは反対に、豊かな社会において経済的安定への接近が力への意志に負のフィードバックをかけ、それによって生み出されたビートの哲学こそ、まさしくそうした準備なのである。来るべき全世界的なレジャー時代の予測も、ビート社会には明らかになんの恐怖ももたらさない。

しかしながら、黄金時代によって提起されるレジャーの問題へのビート的ないしポリネシア的解答はたしかに一つの実現可能な解決であるけれども、必ずしもそれが唯一の解決であるということにはなるまい。たとえばガボールは、かれの言う「モーツァルト的人間」の出現に希望を託している。モーツァルト的人間とは、ガボールがモーツァルト――「かれの芸術は衝突・葛藤から生れるものではなく、喜びのために、喜びから創造するのである」――こそ早すぎたその先駆者であったと考える仮説的な創造者タイプである。モーツァルト的人間はかれに与えられたレジャーを創造の機会としてもっともよく利用して、天分の少ない、大部分は仕事のない仲間に激励を与え、また適切な教育を通じてこれらの人々を飲酒や犯罪に走らせないようにする。同じような楽天的な黄金時代観は、もう一人の物理学者ジョン・プラットにより、その著『人間への歩み』において展開されている。ガボールは悩みながらも希望を抱いて**いる**というわけだが、プラットは世界的なレジャーを予想して意気揚々としている。人間はついに下僕的な苦役の枷《かせ》から解放され、これまで多くは下賤な活動に浪費されてきた無限のエネルギーを、いまやすべてより高い創造に献げ続けることができるのだ、とかれは考えている。けれども、わたくしが示そうとしてきたように、ガボールのモーツァルト的人間なりプラットの考えている人間の「創造的」活動は、いずれにしてもこれらの著者たちが心に描いているものとは質的に異ったものとなるであろうとわたくしは敢えていいたい。芸術の場合には、われらの将来のモーツァルトは、おそらく当のモーツァルトとはおよそ似ても似つかぬものとなっていよう。かれは、かれの作品がなんらかの意味、とりわけ喜びなどを伝えることを意図していないトランセンデンタリストであるか、あるいは全盛期をとっくに過ぎた伝統的に意味のある様式の一つで仕事をしている模倣者であるかの、いずれかであろう。科学の場合には、われらが将来の天才は、同じくその意義がガボールやプラットに深い感銘を与えることはあるまいと思われるような活動に従事することになるだろう。かれは細菌のもう一つの種の詳細な遺伝地図を仕上げるかもしれないし、あるいはある階層の素粒子の探求をするかもしれない。あるいは、かれは社会科学者であって、その統計的性質が理論的定式化の成功の限界外にある資料について、もう一つの主観的解釈を展開しているかもしれない。かれはさらに火星の岩石のサンプルを集めているかもしれない。そんな場合にはわれわれも、宇宙飛行士トム・コーベットにアーサー・ケストラーが質問しようとしたように（ガボールによって引用されている）、「あなたの旅行はほんとうに必要だったのですか？」と尋ねてみたくなるであろう。

わたくしは今までの文章の中でビートの哲学とトランセンデンタリズムとをいくらかちがえて論じてきたが、この両者が密接な縁続きのものであることは明白であるといってよい。ビートニクの内部指向的な反理性的な態度は、明らかにかれをトランセンデンタリズム芸術の無意味な作品の聞き手たらしめている。さらに科学が急速にその意義ある進歩の限界に近づきつつあるという推論にかんがみれば、ビート哲学こそ、まさしく将来の科学者に適した心的内部構造を準備するものと思われる。ビート的科学者は、たんに自分の実験室にいるということ、また**自分**にとって有意味な実験をしているということを体験するだけで満足をひき出すであろう。かれが獲得する結論が真に独創的であるか、正しいか、あるいはだれか他人にとって意義あるものかどうかといったことは、たいした関心事ではない。このようにして科学はどんどんすすんでいくことができる。もっとも、芸術と同様、その科学は過去において科学と理解されていたものとはただ表面的な類似性を持っているだけであろう。実際、普遍的なレジャーの脅威への対処のほかに、ビート哲学の勃興はガボールのいうトリレンマの一つである核戦争から人類を免れさせることができるであろう。わたくしの考えでは、ビート的社会は恐怖のバランスよりも、原子爆弾のみな殺しに対するもっと永続的な保証を与えるものである。いずれはだれひとり、戦争をするというような、力への意志の外部指向的な表現には、**興味を持たなくなる**であろう。とにかく、戦争の二つの伝統的な主原因であったイデオロギーと経済とは、黄金時代のトランセンデンタリストにとってはその重要性の大半を失っていることであろう。

最後に、わたくしはボヘミアンのごく最近の現象であるヒッピーについて考えてみたい。一九六六年にヒッピーがサンフランシスコのヘイト・アシュベリ地区に出現したことは、黄金時代へ適応するための一歩が踏み出された前触れであった。わたくしがこのことにはじめて気がついたのは、ミュンヘンの美術館アルテ・ピナコテークに行ってクラナッハの「黄金時代」という絵（この本の巻頭に掲げてある）を見たときであった。わたくしには突然、クラナッハの四百年前の絵の主題は、サンフランシスコのゴールデン・ゲート・パークにおけるヒッピーのビー・インの予言的ビジョンにほかならなかったのだということがわかってきた。ヒッピーは明らかにビートニクの継承者である。かれらはビートニクから内部指向的で反理性的で実存的な態度をひきついだのである。しかし、ヒッピーは伝統的な動機づけの荷物をさらにいくつか放棄して、かつての強大な力への意志はほんのわずかしか保持していない。ヒッピーの出現によって、力への意志の放棄ということよりもさらにラジカルな人間の心の変態が明らかとなってきた。すなわち、フロイトが**現実原則**と名づけたものの崩壊作用である。フロイトによれば、誕生後しばらくの間は子供の自我には、内と外の両者に由来する経験のすべてが包含されている。成長の後の段階において、はじめて子供はこの二つの源泉を区別するようになる。子供は自我を内部的な出来事の世界に限定し、外部の出来事の世界からでてきたものにもとづいて外部的な現実というものをつくり始める。この区別をつける能力は、いうまでもなく、生き延びるためにきわめて重要なものであり、フロイトにしたがえば、それが十分でないと重大な精神病的症候群の原因となるという。このような現実原則をもつことが、力への意志をもつための一つの前提条件であることはことさらいう必要もあるまい。この力への意志によって自我は外界の出来事への支配権を求めることになるのである。フロイトは、現実原則の減退をきたすいくつかの、必ずしも相互に排除的でない道を概説している。その一つは、幼児のすべてを包含するような、自我が縮小されない場合に示される。そういう人にあっては、成人となった自我がなお外界の多くの出来事を包含しているのであって、フロイトはこの状態を「大洋的感情」――宇宙との一体感――と呼んでいる。現実原則を減退させるもう一つの道は、薬品の使用やヨガの修行のような本能の制御によって、外的なできごとの持つ意味を意志的に減少せしめることである。現実原則に対するこれらの攻撃がいずれも、今日西洋にますます大きな反響を呼びつつある東洋哲学の教えの重要な部分をなしていることは、少なからぬ意味のあることである。ある意味では、現実原則は東洋においては早まった崩壊作用を蒙ったのであった。というのは、東洋の諸社会の経済的生産性の到達したレベルでは、事実上敵対的な自然の中で生き延びるのに明らかに有害と思われるこの見解を抱きえたのは、ほんの一部の人々であったからである。実際、インドや中国のような国でこのような哲学が広く、しかし物質的生存と両立できる程度に**部分的**に採用されたことが、以前には力動的であったこれらの諸文明が後代において沈滞する結果になったのであったといえる。しかしながら、黄金時代のレジャーの社会にあっては、現実原則に固執することは、生存にとってもはやそれほど重要なことではなくなるであろう。

ビートニクは、かれらの力への意志を大いに減退させ、外的世界を変えようとする野心の多くを断念したにもかかわらず、なおかなり現実との接触を保っていたようにみえた。だからして、内部指向的な自我の実現のための素材となるべき感覚的経験は主として外部的なものであった。それは、ビートニクが旅行、飲食、ジャズ、詩、セックスなどという活動に示した関心によって証明される。幻覚剤の使用はビートニクにとっても無縁のものではなかったが、十年後のヒッピーにおいてみられるような重要な意味をほとんど持ってはいなかった。ところが今日では、新しい実験源としての薬品の非常に広範囲な利用によって現実のさらに遠くまでの否定——サイケデリアの予言者ティモシー・リアリーのいい方にしたがえば「ドロップ・アウト」——がもたらされている。つまり、現実的なものと想像上のものとの境界線がなくなったのだ。ヒッピーにとっては、現実原則は死んだも同然である。ヒッピーに体現されているこの現実原則のあからさまな崩壊作用は、もちろんヘイト・アシュベリ地区において発明されたのではない。それどころか、現実ということの哲学的な基礎は、カントが現実世界とは究極的には客観的事実であるよりは主観的な概念であると主張して以来、約二百年もの間重大な議論を巻きおこしている主題であったのである。前章で述べた現代の前衛芸術家たちのトランセンデンタリズム的世界像は明らかに、現実的なるものと想像上のものを区別することを重要だと思わなくなってきたこのような傾向の最近の反映の一つである。こうした区別を少なくしようとする試みは、レネの『去年マリエンバートで』やアントニオーニの『欲望』のごとき最近の映画のテーマでもあるように思われる。しかし、ヒッピーの新しさは、現実にこれらの観念に従って行動している西洋において、かれらがはじめて大規模な共同体《コミュニティ》をつくってきたという点に存する。

おわりに、わたくしはこれまでの考察を総合して、来るべき黄金時代のイメージをつくりあげてみたい。この総合は明らかに、核戦争はおこらないだろうということを想定していなければならない。これは主として楽観論に立つ想定である。しかし、この想定が外れることは、人間の将来について現在考えているすべてのことがいかなる場合にも役に立たなくなってしまうことになろう。もし近い将来において核戦争が回避されうるとするならば、力への意志の一般的衰退により、人類の全滅という事態がだんだんおこりにくくなる状態になってくるだろうとわたくしは信ずる。戦争への関心が大きく消失してしまうであろうからである。ガボールの予想と同じく、わたくしも現在の発展途上諸国も、遅かれ早かれ現在技術的な先進国が享受しているると同じ程度の経済的富裕のレベルに達するだろうと信ずる。そしてこんどはこの経済的変化によって、ビート的態度の全地球的な支配がもたらされるであろう。この態度は少なくとも東洋においてはすでに哲学的伝統に深く根ざしているものである。わたくしはまた、光の速度よりも早い旅行とか、人間の脳髄の拡大や構造的変化とかいうような技術的ないし生物学的なラディカルな発展はおこらないだろうと考える。もしこの後者の想定があやまりであったら、人類の進化にまったく新しい段階が始まることになり、その進化のコースは過去の歴史のたんなる延長としては考えられえないものとなろう。

以上のように考えてくれば、黄金時代とは全地球的な規模でポリネシアが再建されることとたいしたちがいはないという結論に到達することになる（かつてのポリネシアに横行した幼児殺しや殺人が黄金時代の一特徴にはならないだろうという予想は理由のないことではない。なぜなら、今日では人口過剰を避けるためのより人道的な手段が可能であるからである）。世界の人口を収容するに足りるタヒチ島はないであろうが、快適な冷暖房付きの都会のアパートは、ほんものの波のざわめきにじゅうぶん代るものを容易に与えてくれるであろう。力への意志はまったく消失してしまいはしないだろうが、その意志の強さの程度は個々の人ごとにがらりと変ってしまっていることであろう。一方の端には少数の人々がいて、これらの人々の仕事によって、大多数の人々を高度の生活水準に維持する技術がそっくり保持されてゆくであろう。中間に見出されるのは、ビートニクを原型とする、大部分は仕事についていない人々のタイプであって、かれらにとっては現実と幻想との区別がなお意味を持っているであろう。かれらは世界に関心を抱き、感覚的快楽に満足を求める。もう一方の端には、大部分は仕事をやらせることのできないタイプの人々があり、かれらにとっては現実的なものと想像上のものとの区別は、少なくともその肉体的生存と両立しうる程度にまで、大きく解消されてしまっている。その原型はヒッピーである。世界への関心はどちらかといえば少なく、主として薬品から満足を得ようとする。もし技術的に実行が可能となれば、直接神経系に電気を通じて満足を獲得しようとするであろう。このような幅広い分布は、オルダス・ハクスリーの『すばらしい新世界』におけるアルファ、ベータ、ガンマにかなりよく似ていることに気づかれよう。しかし、ハクスリーとは異なり、わたくしはこの分布がなんらかの意図的ないし計画的な飼育計画の結果であるとは考えない。ただ、もっぱら幼年期の経歴の差異から生み出された、ごく自然な世界住民の異質性にすぎないと考える。それにまた、ベータおよびガンマに割り当てられた低度の生産者の役割とはちがって、ビートニクやヒッピーは消費者である以外には、いかなる社会経済的役割も果たしはしないであろう。

文化に関するかぎり、黄金時代は全体的停止の時代であって、これはメイヤーが芸術について考えたものに似ていなくはない。形式的に芸術や科学に類似した活動は続けられるであろうが、進歩は大いに速度を減じてしまっていることであろう。鉄の時代のファウスト的人間が、かれの豊かな後継者たちが、ふんだんにあるレジャーを感覚的快楽に献げたり、さらに忌わしいことには、幻覚剤から私的な合成的幸福を得たりしている有様を見たら、大きな嫌悪を覚えるであろうことは明らかである。しかしながら、ファウスト的人間は、自分らの狂おしいまでの一切の努力の当然の結果こそがこの黄金時代を導いたのであり、別のことを願ってもどうにもなりはしないのだという事実を直視するがよい。芸術や科学における何千年もの営為が、ついに人生の悲喜劇を一つのハプニングに変換してしまうことになるのであろう。

訳者あとがき——解説と敷衍

著者について

まず著者のガンサー・S・ステント教授の紹介から始めよう。彼は訳者の一人である渡辺の長年の親友の分子生物学者であり、この本にもあるファージ・グループの重要人物であったし、現在も分子生物学の世界的指導者の一人である。

彼は一九二四年ドイツのベルリンに生れ、ベルリン子であることを誇りとしている。一家が外国に亡命し、彼はアメリカで苦学をしながら、一九四八年にイリノイ大学でPh・Dの学位をとった。この時の研究は、ゴムのような高分子物質の物理化学的研究で、指導教官はフレデリック・ウォール教授であった。シュレーディンガーの『生命とは何か』に刺激され、生命の問題にひかれ、メルク・フェロー（一九四八—五〇年）をとって、当時カリフォルニア工科大学生物学部に移ったばかりのマックス・デルブリュックのグループに加わり、ファージの研究を始めた。デルブリュックのいるパサデナはファージ研究のメッカとなったが、そこで彼は、デルブリュックの思想と人となりに心酔し、それは今日まで続いている。デルブリュックの思想はステントによって代弁されているといってもよいであろう。一方、デルブリュックのステントに対する信頼もきわめて厚いものがある。その後、一九五〇—五二年にかけてアメリカのガン協会のフェローをとり、デンマークの血清研究所のオーレ・モーレーの所と、フランスのパスツール研究所のアンドレ・ルボフの研究室に留学した。ステントが他人の評価をする場合極端であるが、ルボフにもデルブリュックにおとらず心酔していた。

一九五二年秋より、アメリカのバークレーにあるカリフォルニア大学のウイルス研究所に就職した。ここは一九三五年にタバコ・モザイク・ウイルスを結晶化し、ウイルス学に革命をおこした化学者ウエンデル・M・スタンレー博士の創設した、化学者を中心とした新しい研究所で、私も招かれて一九五三年初頭からそこの研究員となった。このウイルス研究所は、その後ウイルス学部、分子生物学部というように拡張されていったが、彼は現在はカリフォルニア大学の分子生物学部の教授であると同時に、微生物学部の教授でもある。私がウイルス研究所に行ったのは、ステントにおくれることわずか数ヵ月で、同じ部屋で三年近くファージの研究を中心にすごした。そのため無意識のうちに思想的な影響をうけているようである。一九五三年というのはワトソンとクリックのDNAの二重らせんモデルの出た時で、これによってそれまでのファージ・グループのいき方は根本的に修正され、新しい分子生物学として生れかわろうとする変革の時代であり、われわれファージ・グループは大きなショックを受けたものである。

ステントは一九五六年、国際遺伝学シンポジウムが日本で開かれた時に来日し、ステントとベンザーと私の三人は、九月はじめに富士登山をしたり、各地をまわった。その後、彼は一九六〇年秋からサバチカル休暇をとり、米国国立科学財団（NSF）のフェローをとって、当時私がいた京都大学ウイルス研究所の化学部に数ヵ月滞在した。夫人も同伴し、日本の思想と芸術を心ゆくまで吸収した。一九六八年国際遺伝学会の際にも夫妻でこられた。このようなわけで、ステント博士には湯川博士をはじめ日本人の知己が多い。

最近は高次神経系（脳）の問題に興味をひかれ、一九六七年から第二のサバチカル休暇を使ってハーバード大学の神経生理学部に滞在し、現在はバークレーにもどって、ヒルを使って高次神経系の研究を始めたとかいう話である。そしてさらに、この本にあるような分子生物学そのものでない広い活動もし始めている。

著書としては

G. S. Stent, *Molecular Biology of Bacterial Viruses*, 1963, Freeman.（渡辺・三宅・柳沢訳『バクテリオファージ——その分子生物学』、岩波書店、一九七二年）

G. S. Stent, *Molecular Genetics*, 1971, Freeman.

J. Cairns, G. S. Stent, J. D. Watson eds., *Phage and the Origins of Molecular Biology*, 1966, Cold Spring Harbor Laboratory of Quantiative Biology, New York.

それと本書

G. S. Stent, *The Coming of the Golden Age — A View of the End of Progress*, 1969, The Natural History Press, Garden City, New York.

ステント夫人はアイスランド人であり、本書は彼女に捧げられている。ちなみにステント夫妻には一男がある。

分子生物学者の特性

さて、ファージ・グループに属していた人、いいかえれば分子生物学の情報学派といわれるグループに属している人々は、研究を行う場合でもそうでない場合でも目的意識がきわめて強く、その他を省みないようなところがある。われわれは何を目的として、どのような方法で研究をすべきか、その目的は正しいかどうかをつねに自問自答している。単なる興味本位、業績本位で仕事を進めることをしなかった。一九五三年より一九六二年頃までは分子生物学は着々とおおいなる発展をとげた。しかし、一九六〇年代中頃、分子生物学が初期の目標をほぼ達成した時に、次に何をなすべきかということが、われわれ〝分子生物学者〟の大問題となった。勿論、分子生物学は現在は自然科学の主流となり、強大な学問となり、なすべき仕事は目の前に山積し、多くの分子生物学者が生まれ、わが世の春をたたえていたのではあったが。そのころの分子生物学は最終目標のはっきりしないまま一つの自己運動をおこしてしまっていた。分子生物学は自然科学の構造を変革したが、果たして、今後われわれは何をなすべきであるのだろうか。われわれの歩んできた道は正しかったのか。われわれは今、一体どこにいるのか。この場合のわれわれというのは分子生物学者ではなく、人類という意味でのわれわれである。〝分子生物学者〟は、分子生物学が山を越し自己運動化するとともに〝分子生物学者〟であることをふりすてて、不遜にも人類の将来を心配する予言者になろうとしているようにもみえる言動を示し始めた。彼らの目標意識の強さは、そうしなければやっていけないほどのものなのであろう。

本書もそうだが、フランスのノーベル賞受賞分子生物学者のジャック・モノーが『偶然と必然』という本を出して、各方面に大きな話題を投げかけているのはその代表的な表れであろう。

私も数年前に分子生物学は終ったとし、分子生物学の思想とその新しい目標について書いたことがある。現在は分子生物学の第一期の仕事は終って、これから分子生物学は第二の発展期に入るのだということをいい出しているが、第二の分子生物学はライフ・サイエンスといった方がよいかもしれない。ともかく、生命現象の基礎である遺伝現象が物理や化学の言葉で説明され、生命の学問と物質の学問とが融合してきたことに関しては、分子生物学が大きく貢献していると同時に、大きな責任を持っているといえる。その結果、自然科学の大きな目標は人間生命の解明ということになってきてしまったのが現状である。〝分子生物学者〟は「生命と物質」の断絶をうめようと努力した。人間生命の解明では、「肉体と精神」の問題がその最終目標であろう。しかし、肉体的生命、精神的生命を解明することが一体何のためになるかという疑問もでてくる。自然科学の目標は一体何なのか、われわれはいずくにいくのか。進化とは何か。進歩とは永久に続くものであるのか。科学以外でも一体人間活動の本体は何か、それはこのままでよいのであろうか。このままで続く保証があるのか。今や人類の歴史上の一大転換期がおとずれているのではなかろうか。そんなことを〝分子生物学者〟が考え始めたのである。独立に、しかも時を同じうして。私が〝分子生物学は終った〟、〝人間のための科学〟、〝ライフ・サイエンスの必要性〟、〝進歩の時代から閉鎖の時代〟、〝人間に未来はあるか〟、〝生命の起源と進化の偶然性〟、〝地球上の生命現象は、人間行動までいれて遺伝的に決定されている〟、〝意志の自由は幻ではないのか〟などということをいろいろの所に書いたり話したりしていたのは、自分自身の考えであると思っていたが、実は多数の〝分子生物学者〟中の一人として、時代の流れに流されていたのであった。

二、三年前、テイラーの『人間に未来はあるか』を大川節夫氏と訳したのも、このような〝分子生物学者〟のやむにやまれぬ気持からであった。この本は、生命の研究が一般の人の知らないところまで進んでいて、一歩間違えば人類にとりかえしのつかない不幸をもたらす危険を知らせた点で意味があったと思われる。しかし、これは科学技術の未来がわれわれに与える希望と危険をつげてくれるが、その背後にある大きな流れについては何も教えてくれない。現在のわが国の識者の多くも、人口増、経済成長がこのまま続くことはないと考えているであろう。急激に増加することは、急激に減少することになり、それをくりかえすことは悲劇以外の何ものでもない。それらの成長をあるところでとめて、その後を定常状態にすることによって悲劇をくいとめ、そのうえで一歩一歩進めていくのがよいと考えている人が多いであろう。実行可能がどうかは別にして。ともかく、人口増や経済成長の進歩のとまることに気づいている人はいても、学問や芸術の進歩の終ることを予想する人は、日本ではいてもごく少ないであろう。私はこの人類の一大転換期に際し、従来の価値体系を変化しなければならないこと、そのためには最終目標の設定が必要なことを連呼しているが、最終目標というものがいったいあるのか、あったにしても現実に設定できるのであろうかという疑問もある。

本書について

さて、バークレーはアメリカの中でも風光明媚、気候温暖の美しい落着いた大学町であったが、それが学生運動の中心となり、一九六四年には有名なフリー・スピーチ運動がおこり、大学や大学教授そのものの存在の意味が問われるようになった。これは多くの大学人に深刻なショックを与えた。この本の成立の直接の原因はそれにあると思われる。ステントはこの事態の本質を弁証法的に考察し、彼自身の一応のまとめができ、カリフォルニア大学の一般教養のため、七回の公開講義を行なった。本書はそれをもととして書かれている。

本書は二部に分れ、第一部は分子遺伝学の興亡、第二部がファウスト的人間の興亡である。一般の人にとっては、第一部はちょっと専門的であるかもしれないが、分子遺伝学の本質と興亡の歴史を知る好個のよみもので、一般にも極めて興味ある、みごとな解説書で、分子生物学の思想と歴史がよくわかる。この部分は一九六七年にコレージュ・ド・フランスで講演され、一部は『サイエンス』誌に出された（日本訳は、『科学』一九六八年十二月号）。第二部は、世界的に一般的な進歩が終り、黄金時代に入ろうとしているという彼のややデカダン的な悲観論である。近世の進歩を促してきたのはニーチェの力への意志で、それを持ったファウスト的人間を中心に近代社会が形成されてきたが、科学技術の発展で生活が安定化するとともに、ファウスト的人物は少なくなり、ビート族、ヒッピーの出現となってきた。これは、工業先進国が黄金時代に入りつつある証拠だという。古代では、たとえばギリシャでは、人類は昔は黄金時代にいたが、だんだん堕落して黒鉄時代になったと考えていた。ステントは、黄金時代などというものは古代にはなかったのだが、これから科学技術の力で黄金時代に入るのだと主張する。The Coming of the Golden Age というのは、欧米では一つの反語的な面白さをもっているが、われわれ日本人には黄金時代はこれからだという無意識な一般的な理解がある。それで題名も「来るべき黄金時代」では安易なので副題とし、「進歩の終焉」を先に出すことにした。

さてこの第二部で、進歩は近く終ることをステントは予言している。次に、芸術と科学の進歩の終ることを多くの例から暗示する。それにはいろいろの原因があろうが、進歩というものに内在する自己制限的な力、ネガチブ・フィードバックによるものであるという弁証法的議論を展開している。物理学や数学には終点がないようにみられるが、もしも人間の脳の働きが無限でないならば、そこにもやはり限界があるであろう。

最後に「ポリネシアへの道」という章がある。これがわれわれのいきつく黄金時代であることを示唆する。核戦争の危機、人口過剰の危機をのりこえた人類を待つのはレジャーの危機である。黄金時代は、一般的な定常状態、あるいは停止の時代である。人類は人工的快楽（薬などの使用によって）を求め、感覚的生活をおくるであろう。レジャー時代になれば芸術や科学にたずさわる人間が多くなるだろうという期待はまったくの妄想である。勇壮な開拓者によって植民されたポリネシアの現状はどうであるのか。生活の困苦のないところには努力はなく、人々は快楽を追うのみで、芸術や科学は発展しないのである。困窮している社会と並存し、その刺激を受けなければそれらは成立しないのであろう。世界一般の生活が安定したら、それこそすべては終るのであろう。少数の働く人と、多数の快楽を求める人とからなる黄金時代になるのである。果たして、そのような黄金時代に人類は適応できるのであろうか。ステントは心的状態の変化した新しい人類の出現を期待しているが、それはほんのつけたしで、全体にペシミスティックなデカダン的思想がみなぎっている。

しかし、ここに書かれたことは現代の誰もがよく了解していなければならぬし、各自の立場でよく考えねばならないことであろう。われわれは自然科学という訓練をうけた立場からものをいっているが、生命現象の実体もわからず、歴史的変化の動きの実相も知らない現在、一体社会科学とか人文科学などの学問分野では、根本理論なるものは果たしてあるのか、あるとしてもそれが現実を本当に示しているのか、想像上のつくりごとにすぎないのではないかという疑問さえ感ぜられる。特に教育の問題では、何をどうすべきかという確実な目当てはないのではなかろうか。特に今日のような進歩至上主義のやぶれた一大変換期においては。あえてこの本を訳して、一般の人々に多く読んでもらい、アメリカと日本のちがいがあるとしても、世の底を流れる大きな動きを知ってもらいたいものである。

なお、訳は第一部は柳澤桂子氏、第二部は生松敬三氏にお願いし、全体の統一を渡辺がした。したがって、全体の責任は渡辺にある。また巻頭のフロストの詩は外山弥生氏に特にお願いして訳していただいた。厚く御礼申し上げる。この訳出に当って、みすず書房の松井巻之助氏の一方ならぬご助力をいただいたことを感謝する。

昭和四六年十一月一日

ブラジル国マナウスの国立アマゾン研究所のゲストハウスにて

渡辺　格

みごとに的中した分子生物学者の予言

木田　元

本書は当時生命科学の最前線で活躍していたアメリカの分子生物学者ガンサー・S・ステントによって書かれ、一九六九年に出版、彼の親友でもあれば日本の分子生物学界のリーダーでもあった渡辺格さんが、生松敬三、柳澤桂子両氏の協力を得て邦訳し、一九七二年にみすず書房から刊行されたもののほぼ四十年ぶりの新版ということになる。「始まりの本」という新しいシリーズに入ると聞いたが、適切な場所を得たと思う。

この本の内容については、渡辺さんが旧版に付けられた「訳者あとがき——解説と敷衍」が再録されているので、それにおまかせする。こんなに行きとどいたみごとな解説は、めったに読めるものではない。

となると、ここで私はなにをすればよいのだろうか。おそらくは、今回この復刊に際してたまたま私がいくばくかの貢献をするかたちになったそのいきさつや、この復刊が時宜を得たものであるゆえんを述べるということになろうかと思う。

今年（二〇一一年）の早春、つまり東日本大震災に襲われる少し前に、ある季刊誌から、「「これから」を支えてくれる古典」という特集のための原稿を依頼された。私は特集のこのテーマを、少し誤解して受けとっていた。出題者はこの「これから」に、私自身の「残された老後の歳月」という意味と、少子高齢化による人口減少・国力衰退の時代、つまりひたすら右肩下がりのこれからの「苦難の時代」という意味と、この二つの意味をこめて考えていたらしいのだが、私はもっぱら後の意味にだけ受けとっていたのだ。

震災前のそのころでさえ、東北の中小都市の経済的衰退は目に余るものがあった。私は毎年一度墓参のために山形県北部の故郷の町に帰省するが、もうずいぶん以前から、かつて町の目抜き通りだったあたりが年々シャッター街に変わり、歩行者の姿が消えていくことに、いやでも気づかされていた。東北に限らず、いま全国の中小地方都市がそうした状態である。帰省するたびに、やがて日本全体がこうしたゴーストタウンになってしまうのではないかと心配になっていた。

ひたすら衰微していくこんな時代に、それでもなお生きていこうとする気持ちを支えてくれる古典をと訊かれても、いまさら気休めを言ったり、空元気をつけたりしても仕方あるまいという思いの方が先立って、うまいものを思いつけない。そのとき、とても古典とは言えないが、そのくらいならむしろこれをこそ勧めたい、と思いついたのが本書だった。

というのも、本書はまさしく時代の最先端を走っていた分子生物学者の手になる文明論、それも一種の予言の書であり、しかも私たちはその予言のおこなわれる現場に立ち会い、そしてその予言がみごとに的中するのを現にこの眼で確かめたように思われるからである。こんな体験はめったにできるものではない。

そのあたりのことを、もう少しゆっくり話してみよう。

＊

後日聞いたところによると、本書の旧版は一九七九年の第七刷を最後に品切れになったそうである。かなり話題になったように思っていたのだが、折しも日米安保条約自動延長が開始され、いわゆる学園闘争が最後の盛り上がりを見せていたし、よど号乗っ取り事件、三島由紀夫割腹事件など問題の多い時代だったので、世間の耳目がよそを向いていたせいでもあったろう。

私は、訳者の一人、生松敬三君が親しい友人だったし、渡辺格さんにも面識を得ていたので、翻訳の進行中からこの本の話はしきりに聞かされていた。したがって、刊行されるのを待ちかねるようにして読みふけり、その面白さに感歎したものだった。

渡辺さんの解説にあるように、なにしろ一九四五年に、量子力学の創唱者の一人であるアーヴィン・シュレーディンガーが『生命とは何か』で生命現象の物理的基礎の解明を提唱し、それに呼応して一九四九年にマックス・デルブリュックが『一物理学者の見た生物学』で遺伝物質に関する分子説を提唱したといった話や、このころ量子力学の若い俊秀たちが大挙して生物学へ移り住み、バクテリオファージを使って分子レベルでの遺伝現象のめざましい解明をおこなっているといった話は、私たちの耳にもいくらか聞こえてきていた。

やがて一九五三年には、ケンブリッジで出会ったジェイムズ・ワトソンとフランシス・クリックが、DNAは二本のポリヌクレオチド鎖のからまりあう二重らせん構造をもっていることを発見したといった噂なども届き、意味はよく分からないながら門外漢の私たちにも、生命科学が重大な局面に入りつつあることは予感されていた。

ステントは本書で、まずその成立から、それが当初立てた目標をみごとに達成するまでのこの分子生物学の大いなる発展を、「古典的時代」「ロマンチック時代」「ドグマの時代」、そして遺伝暗号が解かれ、遺伝情報発現のセントラル・ドグマが確立される「アカデミック時代」の四期に分けて、平明に解き明かしてみせる。

これだけでも十分に深い感銘を味わわされるが、本書はそれで終わるわけではない。ステントは第I部で以上のような「分子遺伝学の興隆と衰退」のメカニズムを明らかにしたうえで、第II部「ファウスト的人間の興隆と衰退」において、それをモデルにまず芸術と科学の進歩と終焉のメカニズムを解明してみせる。

そこでもステントは、まず音楽の様式がその原初の起源から出発し、次第に高度の洗練を受けて進化していき、やがてその進化が加速化し、発展の終点に達する過程を丁寧にたどってみせ、それをモデルに社会全体の進歩とその終焉のメカニズムを解き明かしてみせるのだ。

洋の東西を問わず、一般に古代人のもとでは、歴史の初めにこそ黄金時代があったのであり、後の時代はどんどん悪くなって末世へ向かうという退歩史観が支配的だった。進歩的歴史観が登場したのは、西洋でもせいぜい十七、八世紀になってからである。

ステントによれば、進歩は外的な出来事を支配しようとする力への意志に衝き動かされている「ファウスト的人間」によって推し進められるが、それが一定の経済的安定をもたらすと、その子どもの世代では当然のようにそうした意志がぐっと減退し、与えられるものを享受するだけの「モーツァルト的人間」が育つことになる。

ステントは、当時話題になっていたビート族やヒッピー、それに産業社会への加入を拒否する反体制的な学生たちに、この種の享楽的人間の走りを見ていた。進歩には本質的にネガティブなフィードバック・システムがつきまとっているが、彼らこそがその予兆だと主張する。

日本でも、高度経済成長を実現した団塊の世代の次の世代の若者たちは欲望が薄い。結婚をしない、しても子どもを産まない、産めない。こうして労働人口が減り、消費も低迷して、少子高齢化社会が現出したことは、私たちのよく知るところだ。

ステントによれば、こうして進歩は終焉し、少数の働く人たちと多数の快楽を求める人たちとからなるポリネシア型社会が実現される。これを彼は、少なからぬ皮肉を込めて「黄金時代」と呼び、その到来を予言するのである。

私がこの本を初めて読んだ一九七二年は、いわゆる高度経済成長の副産物とも言うべき学園闘争がやっと一段落したころだった。したがって、この予言を読んで共感はしたが、経済成長はまだまだ続きそう、この予言が実現されるのは、私たちの次の世代、いやもう一つ後の世代くらいかなと思っていた。

たしかに、時は流れた。数えてみれば四十年が過ぎ、本書の邦訳者も、渡辺さんと生松君のお二人が他界されてしまった。だが、それにしても、こんなにスケールの大きい予言が私の生きているうちにこんなにみごとに的中し、しかもその結果が自分の眼前にこれほどまざまざと繰り広げられようとは、夢にも思わなかった。感慨を覚えずにいられようか。

ただ、進歩の終焉の後にくる「黄金時代」なるものが、かなりの皮肉をこめてのことではあるにしても、はたしてステントの思い描いたようなポリネシア型社会なのか、それとも老朽化したが、壊す費用にも事欠く道路や橋や巨大建造物のあふれた廃墟のような街並みなのかは、まだ決めかねる。私はなんとなく頭の片隅で、自分たちの文明の進むべき方向を見直し、もしなんとかなるものなら、今こそなすべき時だろうなと、折あるごとに思っていた。

＊

今年の早春、先ほどふれた季刊誌から「「これから」を支えてくれる古典」という特集の原稿を依頼されたとき、ステントのこの本に思いあたったのは、こうしたいきさつからだった。

そこで、はたしてみすず書房に少しでも在庫があるかどうかを問い合わせてみた。私の文章を読んでくれた読者の方が、気まぐれに注文をしてくれたのに、一冊も在庫がないのでは申しわけないからだ。どうやらそれが今回の新版刊行の一つのキッカケになり、そこからこの解説執筆の役目が私に振られてきたらしい。

ただ、その間にまた大きく事情が変わった。その季刊誌の特集号が刊行された直後の三月十一日に東日本大震災に襲われたからである。それによって惹き起こされた福島第一原子力発電所の事故をもふくめて、その後の顚末はご存じのとおりである。

ステントが問題にしたのは、歴史の連続的な時間のなかでの進歩とその終焉のメカニズムであったが、三月十一日以来私たちが経験したのは、歴史のそうした連続性が突然断ち切られるという破局的な出来事であった。たしかに天災（地震、津波、火山の大噴火）や、それと絡み合ったり、無関係に起こったりする人災（戦争、九・一一のようなテロリズム、今回のように天災によって惹き起こされる原発事故）などによって、社会の連続的進行が中断されたり、断絶させられたりすることはいつでも起こりうる。ステントがここでは考慮に入れていないそうした契機をも、私たちは考え合わせなければならないことになったのだ。

もっとも、今度の東日本大震災のように、これほど大規模の天災・人災でさえも中断とみなされ、復旧・復興が可能だと思われている。たしかに破局がこれ以上大きくなれば、人類の絶滅につながりかねないし、そうなれば考える余地もないことになろうから、中断とみなせるだけ幸運だったのかもしれない。

だが、もしこの大災害が中断であり、復旧が可能だとしても、（けっして復興の努力に水を差すつもりはないが）、それが震災前の東北の町々のあの寂れた街並みの復元にとどまるとしたら、やはり少し情けない気がしないでもない。そうではなく、もしこの復興が奇跡的にそうした不況打開の好機になりうるとしたら、これほどうれしいことはないのだが、そう都合よくいく保証もなさそうだ。

ステントも、進歩の終焉のあとにくるいわゆる「黄金時代」については、かなりアンビヴァレントなイメージをいだいていたように思われるが、私たちも復興後の日本については、それにも増してイメージをまとめにくいことになりそうだ。

それにしても、予言するというのは、歴史を巨視的に見るということであろう。いまこそ私たちもステントのこの予言に少し真剣に耳を傾けてそうした歴史の見方を学び、あらためて来し方をふりかえり、行方を見定めるべき時ではなかろうか。文明とは、殊に技術文明とはなんであるのかを根本から考えなおしたり、進歩や発展をまったく前提にしない循環型の社会のあり方を真剣に模索したり、あるいはせめて人類が余生を身ぎれいに過したりするためにだけでも。

（哲学者）

二〇一一年九月十四日

人名索引

マ

ヤ

ラ

ワ

参考文献

プロローグ

Hesiod, *The Works and Days.* ヘーシオドス『仕事と日』松平千秋訳，岩波文庫，1985年.

A. Huxley, *Brave New World*, Chatto and Windus, London, 1932. ハックスリー『すばらしい新世界』松村達雄訳，講談社文庫，1974年.

1. 古典的時代

L. C. Dunn, ed., *Genetics in the 20th Century——Essays on the Progress of Genetics during Its First 50 Years*, MacMillan, New York, 1951.

A. H. Sturtevant, *A History of Genetics*, Harper & Row, New York, 1965.

2. ロマンチック時代

N. Bohr, "Light and Life," *Nature 131*, 421, 457 (1933). これらのボーアの考え方と，生気論を復活させるため，その後その考えにまちがつた解釈をくだしたり，悪用したことについての広範な論議はP. Frank, *Modern Science and Its Philosophy*, Harvard University Press, 1949の第8章に見られる.

J. Cairns, G. S. Stent, and J. D. Watson, eds., *Phage and the Origins of Molecular Biology*, Cold Spring Harbor Laboratory of Quantitative Biology, Cold Spring Harbor, New York, 1966.

M. Delbrück, "A Physicist Looks at Biology," *Transactions Connecticut Academy of Arts and Sciences 38*, 173 (1949). (Reprinted in *Phage and the Origins of Molecular Biology*.)

T. S. Kuhn, *The Structure of Scientific Revolutions*, University of Chicago Press, Chicago, 1962. クーン『科学革命の構造』中山茂訳，みすず書房，1971年.

S. Lewis, Arrowsmith, Harcourt Brace & Company, 1925. ルイス『ドクターアロースミス』内野儀訳，小学館，1997年.

E. Schrödinger, *What is Life?*, Cambrige University Press, New York, 1945. シュレーディンガー『生命とは何か——物理的に見た生細胞』岡小天・鎮目恭

夫訳，岩波文庫，2008 年.

3. ドグマの時代

C. P. Snow, *The Search*, 1934.

4. アカデミック時代

M. F. Perutz, *Proteins and Nucleic Acids —— Structure and Function*, Elsevier, Amsterdam, 1962. ペルーズ『分子生物学入門——タンパク質，核酸，その構造と機能』水野伝一他訳，東京大学出版会，1965 年.

G. S. Stent, *Moleculuar Biology of Bacterial Viruses*, Freeman, San Francisco, 1963. ステント『バクテリオファージ——その分子生物学』渡辺格・三宅端・柳沢桂子訳，岩波書店，1972 年.

J. D. Watson, *Molecular Biology of the Gene*, Benjamin, New York, 1965. ワトソン『遺伝子の分子生物学』上・下，三浦謹一郎他訳，化学同人，1968 年・1977 年.

——, *The Double Helix*, Atheneum, New York, 1968. ワトソン『二重らせん』中村桂子・江上不二夫訳，講談社文庫，1986 年.

D. E. Wooldridge, *The Machinery of the Brain*, McGraw-Hill, New York, 1963.

5. 進歩の終り

Henry Adams, *The Education of Henry Adams*, Chapters 23 and 24, Massachusetts Historical Society, Boston, 1918.

H. D. Aiken, *The Age of Ideology —— The 19th Century Philosophers*, Mentor Books, New York, 1956.

J. B. Bury, *The Idea of Progress*, MacMillan, New York, 1932; reprint, Dover Publications, New York, 1955.

J. Ortega y Gasset, *The Revolt of the Masses*, Mentor Books, New York, 1950. オルテガ・イ・ガセット『大衆の反逆』桑名一博訳，白水社 u ブックス，2009 年.

C. Muscatine, chm., *Education at Berkeley —— Report of the Select Committee on Education*, University of California, Berkeley, 1966.

A. Parry, *Garrets and Pretenders —— A History of Bohemianism in America*, Dover Publications, New York, 1960.

6. 芸術と科学の終り

L. A. Fiedler, *Waiting for the End*, Delta Books, New York, 1964.

Susanne K. Langer, *Philosophy in a New Key*, Mentor Books, New York, 1948.

B. Mandelbrot, "New Methods in Statistical Economics", *Journal of Political Economy 71*, 421 (1963).

L. B. Meyer, *Music, the Arts and Ideas*, University of Chicago Press, Chicago, 1967.

D. J. de Solla Price, *Science Since Babylon*, Yale University Press, New Haven, 1962.

7. ポリネシアへの道

P. H. Buck, *Vikings of the Pacific*, University of Chicago Press, Chicago, 1959.

D. Gabor, *Inventing the Future*, Penguin Books, Harmondsworth, England, 1964. ゲイバー『未来を発明する』香川健一訳，竹内書店新社，1985 年.

R. L. Heilbronner, *The Future as History*, Grove Press, New York, 1961.

A. Huxley, *Brave New World Revisited*, Perennial Library, New York, 1965.

J. R. Platt, *The Step to Man*, Wiley, New York, 1966.

R. C. Suggs, *The Island Civilizations of Polynesia*, Mentor Books, New York, 1960.

R. W. Williamson and R. Piddington, *Essays in Polynesian Ethnology*, Cambridge University Press, 1939.

本書は、一九七二年にみすず書房より刊行した、『進歩の終焉——来るべき黄金時代』（みすず科学ライブラリー29）を底本として、新編集したものです。改版にあたって、「解説」（木田元）および「人名索引」を加えました。

著者略歴

(Gunther Siegmund Stent, 1924-2008)

1924年ベルリンに生れる．アメリカに亡命．1948年イリノイ大学でPh.D.を取得．1948年より，カリフォルニア工科大学にて，デルブリュックのグループに加わり，バクテリオファージの研究を行う．デンマーク，フランス留学を経て，カリフォルニア大学ウイルス研究所に就職，その後，カリフォルニア大学教授となる．邦訳のある著書『バクテリオファージ——その分子生物学』(1963，渡辺格・三宅端・柳澤桂子訳，岩波書店1972)『〈真理〉と悟り——科学の形而上学と東洋哲学』(1981，小川真里子・川口啓明・長谷川政美訳，朝日出版社1981)『分子遺伝学』上・下（1983，共著，長野敬訳，岩波書店1983)．

訳者略歴

渡辺格〈わたなべ・いたる〉1916年松江市に生れる．1940年東京大学理学部化学科卒業．理学博士，医学博士．慶應義塾大学名誉教授．2007年歿．著書『人間の終焉』（朝日出版社1976)『「第三の核」を求めて——物質，生命，そして精神へ』(ニュートン・プレス1999) ほか．訳書 バリー『分子生物学』(共訳，共立出版1965) テイラー『人間に未来はあるか——「生命操作」の時代への警告』(共訳，みすず書房1969) モノー『偶然と必然』(共訳，みすず書房1972) ステント『バクテリオファージ』(共訳，岩波書店1972) ほか．

生松敬三〈いきまつ・けいぞう〉1928年東京に生れる．1950年東京大学文学部哲学科卒業．元中央大学教授．1984年歿．著書『現代ヨーロッパの精神史的境位』(福村出版1971)『書物渉歴』1・2（木田元編，みすず書房1989)『ハイデルベルク——ある大学都市の精神史』(講談社学術文庫1992) ほか．訳書 ヒューズ『意識と社会——ヨーロッパ社会思想』(1970) レヴィ＝ストロース『構造人類学』(1972) ヴェーバー『宗教社会学論選』(1972)（以上，共訳，みすず書房）カッシーラー『シンボル形式の哲学』1（共訳，岩波書店1989) ほか．

柳澤桂子〈やなぎさわ・けいこ〉1938年東京に生れる．1960年お茶の水女子大学理学部植物学科卒業．Ph.D.理学博士．お茶の水女子大学名誉博士．元三菱化成生命科学研究所主任研究員．著書『卵が私になるまで』(新潮社1993，講談社出版文化賞科学出版賞)『二重らせんの私』(早川書房1995，日本エッセイスト・クラブ賞)『遺伝子医療への警鐘』(岩波書店1996)『われわれはなぜ死ぬのか』(草思社1997)『癒されて生きる』(岩波書店1998)『いのちと環境——人類は生き残れるか』(ちくまプリマー新書2011) など多数．

《始まりの本》

ガンサー・S・ステント

進歩の終焉

来るべき黄金時代

渡辺格・生松敬三・柳澤桂子訳

2011年10月28日　印刷
2011年11月10日　発行

発行所 株式会社 みすず書房
〒113-0033 東京都文京区本郷5丁目32-21
電話 03-3814-0131(営業) 03-3815-9181(編集)
http://www.msz.co.jp

本文組版 キャップス
本文・口絵印刷所 三陽社
扉・表紙・カバー印刷所 方英社
製本所 青木製本所

ISBN 978-4-622-08346-7
[しんぽのしゅうえん]

《始まりの本》以下続刊

アウグスティヌスの愛の概念	H. アーレント 千葉　眞訳
天皇制国家の支配原理	藤田省三
チーズとうじ虫 16世紀の一粉挽屋の世界像	C. ギンズブルグ 杉山光信訳
知性改善論・短論文	スピノザ 佐藤一郎訳
ノイズ 音楽／貨幣／雑音	J. アタリ 金塚貞文訳
政治的ロマン主義	C. シュミット 大久保和郎訳

（消費税5%込）

関連書

偶然と必然	J. モノー 渡辺格・村上光彦訳	2940
人間に未来はあるか 「生命操作」の時代への警告	G. R. テイラー 渡 辺・大 川訳	2625
地球に未来はあるか 地球温暖化・森林伐採・人口過密	G. R. テイラー 大 川 節 夫訳	2835
わらの犬 地球に君臨する人間	J. グレイ 池 央 耿訳	3780
科学革命の構造	T. S. クーン 中 山 茂訳	2730
科学の未来	F. ダイソン はやし・はじめ/はやし・まさる訳	2730
叛逆としての科学 本を語り、文化を読む 22 章	F. ダイソン 柴 田 裕 之訳	3360
転回期の科学を読む辞典	池 内 了	2940

（消費税 5%込）

みすず書房